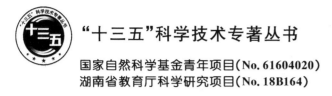

"十三五"科学技术专著丛书

国家自然科学基金青年项目（No. 61604020）
湖南省教育厅科学研究项目（No. 18B164）

面向安全密钥生成的 PUF 技术研究与验证

白 创 著

U0290987

北京邮电大学出版社
www.buptpress.com

内 容 简 介

本书针对面向安全密钥生成与存储应用的 PUF 关键技术展开研究与讨论,重点论述增强 PUF 单元工艺敏感性与稳定性的设计方法,提出新型的 PUF 体系结构,设计新的表决机制与扩散算法电路,研究对称布局和等长走线,以及特殊的顶层 S 型网格布线等版图实现技术,最后通过 PUF 芯片的设计仿真测试,说明与验证所研究关键技术的优越性。

本书可作为安全密钥生成、芯片指纹与防伪等硬件信息安全领域的科研人员、工程师,以及高等院校从事信息安全相关专业研究的教师与研究生的参考用书。

图书在版编目(CIP)数据

面向安全密钥生成的 PUF 技术研究与验证 / 白创著 . – – 北京:北京邮电大学出版社,2019.2
ISBN 978-7-5635-5663-2

Ⅰ. ①面… Ⅱ. ①白… Ⅲ. ①通信密钥—研究 Ⅳ. ①TN918.4

中国版本图书馆 CIP 数据核字(2018)第 284060 号

书 名:面向安全密钥生成的 PUF 技术研究与验证

书　　名:面向安全密钥生成的 PUF 技术研究与验证
作　　者:白　创
责任编辑:孔　玥
出版发行:北京邮电大学出版社
社　　址:北京市海淀区西土城路 10 号(邮编:100876)
发 行 部:电话:010-62282185　传真:010-62283578
E-mail:publish@bupt.edu.cn
经　　销:各地新华书店
印　　刷:北京九州迅驰传媒文化有限公司
开　　本:787 mm×1 092 mm　1/16
印　　张:8.75
字　　数:185 千字
版　　次:2019 年 2 月第 1 版　2019 年 2 月第 1 次印刷

ISBN 978-7-5635-5663-2　　　　　　　　　　　　　　　　定　价:39.00 元

前　　言

随着芯片攻击技术的发展,存储于 ROM 等非易失介质中的密钥 ID 很容易通过版图反向工程和微探测技术等物理攻击方式被截取并且被复制,导致整个加密系统被破坏。物理不可克隆函数(PUF)电路具有良好的安全性和不可克隆性,能够有效地抵御物理攻击且很难被复制,因此它正在逐步地被应用于安全密钥的生成和存储领域。本书以增强唯一性、稳定性和安全性为目标,对面向安全密钥生成和存储应用的 PUF 关键技术进行了深入的研究。

针对增强稳定性的目标,首先量化计算 PUF 单元的物理特性,提出利用量化特性对温度和电源电压求导获取相关设计量最优值的增强 PUF 单元稳定性的方法;然后提出一种新型的 PUF 体系结构,包括工艺敏感电路、偏差放大电路和偏差比较电路,通过引入偏差放大电路,放大微弱的物理特性偏差,减小其对偏差比较电路的比较精度和各种噪声的敏感性,从而使得比较电路能够产生稳定的输出,提高了 PUF 的稳定性;最后实现了新型的举手表决机制电路,通过对偏差比较器的输出进行多次采样,按照样本的 0/1 分布概率判决输出稳定的 ID,同时提出采样次数、判决算法和比较阈值三个因素决定举手表决机制生成稳定的 ID 能力的结论。

针对增强唯一性的目标,首先通过研究器件尺寸和宽长比与器件失配特性之间的关系,提出增强 PUF 单元工艺敏感性的方法;然后设计了全新的 ID 扩散算法,保证扩散后的 ID 在一个大的数值统计空间内满足均匀分布,减小不同 ID 间碰撞的概率,增强 PUF 的唯一性。

针对增强安全性的目标,研究了对称布局和等长走线,以及特殊的顶层 S 型网格布线等版图实现技术。针对版图反向工程的物理攻击方式,研究对称布局和等长走线的版图实现策略,提高 PUF 的安全性;针对微探测技术的物理攻击方式,提出了顶层 S 型网格布线方案,有效地抵抗攻击。

基于这些关键技术的研究分析,在 0.18 μm CMOS 工艺下,最后设计实现四种新型的 PUF,包括基于电流饥饿型延迟单元的 PUF、基于晶闸管型延迟单元的 PUF、基于电阻-二极管型分压单元的 PUF 和基于纯电阻桥式网络型分压单元的 PUF。通过对仿真和测试结果的统计分析比较,分别从唯一性、稳定性和安全性等角度衡量每种 PUF 的性能。

本书共 6 章,具体章节组织结构如下。

第 1 章,绪论。介绍了 PUF 的基本概念、应用领域和物理特性。在广泛分析国内外相关研究工作的基础上,概括了本书的主要研究内容,并给出本书的组织结构。

第 2 章,新型 PUF 单元研究。通过对影响 PUF 单元工艺敏感性和稳定性的因素分别展开研究,提出了增强 PUF 单元工艺敏感性和稳定性的设计方法。基于这种方法设计了新型的 PUF 单元,包括基于电流饥饿型延迟单元、基于晶闸管型延迟单元、基于电阻-二极管型分压单元和基于纯电阻桥式网络型分压电路单元。

第 3 章,新型 PUF 电路体系结构研究。提出了新型的 PUF 体系结构,包括工艺敏感电路、偏差放大电路和偏差比较电路。根据工艺敏感电路的类型,延伸出两类新型 PUF 电路体系结构,基于延迟单元的 PUF 电路结构和基于分压单元的 PUF 电路结构。同时详细阐述了两类 PUF 电路体系结构各个组成部分的电路结构、版图设计和性能分析。

第 4 章,PUF 性能增强技术研究。针对增强稳定性的指标,提出了高效的举手表决机制的设计方案,并基于方案设计表决电路;针对增强唯一性的目标,实现了一种全新的 ID 扩散算法,使得扩散后的 ID 在一个大数值统计空间内满足均匀分布,减小碰撞的概率;针对增强安全性的目标,研究对称布局和等长走线的版图实现策略,以及特殊的顶层 S 型网格布线技术,有效抵御版图反向工程和微探测技术等物理攻击。

第 5 章,PUF 芯片实现与评测。在 $0.18\mu m$ CMOS 工艺下,设计实现了四种新型的 PUF,包括基于电流饥饿型延迟单元的 PUF、基于晶闸管型延迟单元的 PUF、基于电阻-二极管型分压单元的 PUF 和基于纯电阻桥式网络型分压单元的 PUF。通过仿真和测试,综合评估每种 PUF 的速度、功耗、面积、唯一性、稳定性和安全性等性能。

第 6 章,结论与展望。对全书研究工作和创新点进行总结,指出未来的研究方向。

由于作者水平有限,加上时间仓促,疏漏甚至错误之处在所难免,不当之处,敬请同行和读者批评指正,联系方式为 baichuang@csust.edu.cn。

作 者

目　　录

第1章 绪 论

近些年来,物理不可克隆函数正逐步广泛地应用于身份认证、密钥生成、指纹识别和防伪技术等安全领域,因此对物理不可克隆函数的研究已经成为当前安全领域的一个研究热点。本书重点研究面向加密系统中安全密钥生成和存储领域的物理不可克隆函数的关键技术。本章首先介绍 PUF 基本概念、应用领域和物理特性,并且通过对传统密钥生成和存储方式局限性的分析,可知面向安全密钥生成应用 PUF 的研究具有重大意义;然后通过对国内外 PUF 研究现状进行分析总结,针对已有 PUF 电路结构的劣势,从增强唯一性、稳定性和安全性的设计目标出发,提出本书的主要研究内容,其中包括:PUF单元设计、新型的 PUF 体系结构、稳定性增强机制、扩散算法和安全性增强技术等。

1.1 PUF 概念与应用

物理不可克隆函数英文全称是 Physical Unclonable Function(PUF)。PUF 概念最早由 Pappu 于 2001 年 3 月在 *Physical One-Way Functions* 中提出,顾名思义是指系统对应的函数关系是无法克隆与复制的,同时这种函数关系是由某种物理现象的随机特性决定。随后很快就出现了基于光学、电磁学和电子学等原理的多种 PUF 结构,并被广泛地用于信息安全等领域。随着集成电路技术的迅速发展,采用 PUF 技术的集成电路芯片也很快出现,并逐步广泛地应用于身份认证[1-6]、安全密钥生成[7-14]、指纹识别[15-21]和防伪技术[22-23]等领域。PUF 电路主要通过捕获芯片在制造过程中,不可避免产生的器件和连线的工艺偏差,实现将一组输入二进制编码映射为另外一组输出二进制编码的功能。我们将输入的二进制编码定义为激励(challenge),输出的二进制编码定义为响应(response),一个激励和响应组成一个激励-响应对(challenge/response pair,CRP)。不同的 PUF 具有不同的 CRP,即使输入相同的激励,不同的 PUF 生成的响应也不同。在某些应用领域中,PUF 产生的一个响应也称为一个 ID。PUF 电路应用方向主要包括身份认证、安全密钥生成、指纹识别和防伪技术四大领域。

1. 身份认证

通过 CRP 进行服务器与安全芯片的认证。每个 PUF 拥有不同的 CRP,出厂前通过测试将不同 PUF 的 CPR 获取并存储于服务器的数据库。当需要进行目标对象认证时,服务器首先发送一组激励给目标芯片,片上 PUF 根据输入的激励产生对应的响应,并返回给服务器,然后服务器根据发送的激励和接收到的响应查询 CRP 数据库,按照最大匹配方式判断目标芯片是否为合法对象以及是哪一个对象。当需要下一次重新认证或者对不同的目标对象进行认证时,服务器再随机发送一组不同的激励给目标芯片,后续过程是一样的,这样可以有效地抵御重发攻击,保证芯片身份认证的安全性,否则如果每次芯片身份认证过程中,服务器发送的激励都一样,那么攻击者通过多次窃听通信信道上的 CRP,就可以准确地猜测出固定的激励及该目标芯片对应的响应,然后非常容易地复制出具有该固定 CRP 的克隆芯片。随着攻击技术的发展与计算能力的增强,即使在重新对目标芯片进行身份认证时,服务器发送的是随机的与上次不相同的激励,攻击者通过多次读取目标芯片与服务器之间通信信道上的 CRP,然后利用先进的函数拟合算法与高速的数据计算能力,同样可以获得该目标芯片激励与响应之间对应的函数关系,将这种函数关系通过芯片算法实现,就可以冒充原始芯片通过服务器认证,因此这类轻量级 PUF 电路也存在较大的安全风险,需要通过增加 Hash 函数进行安全加固。在目标芯片原有逻辑上增加 Hash 函数,对原始输出的响应进行杂凑散列变换,将变换后的响应发回给服务器完成身份认证,这种方法可以增加通过函数拟合破解目标芯片激励与响应之间对应的函数关系的难度,提高目标芯片身份认证的安全性。

2. 安全密钥生成

PUF 通过捕获芯片制造过程中无法避免的工艺偏差,生成无限多的、具有唯一性和不可克隆性的密钥,这些密钥 ID 不可预测,即使芯片制造商也无法复制,每块加密芯片具有随机的独一无二的密钥 ID,攻击者很难通过软件分析得到,因此极大地提高了加密数据的安全级别。传统加密芯片中的密钥 ID 一般存储于 ROM 等非易失性介质中,通过版图反向工程和微探测技术等物理攻击方式很容易获取非易失介质中的密钥,从而破解整个加密系统,然而基于 PUF 的密钥生成技术,其密钥 ID 由 PUF 通过捕获多称单元的工艺偏差而动态生成,可以有效地抵御版图反向工程和微探测技术等物理攻击,保证密钥 ID 的安全性。这些 ID 比特能够被用作对称密钥,也可以被用作随机种子去生成安全微处理器中的公有/私有密钥对[24]。这类 PUF 目前一般应用于加密处理器、NFC 加密标签等产品中。

3. 指纹识别

通过 PUF 产生用于标识芯片的唯一性 ID,实现对不同芯片的识别。PUF 通过捕获芯片制造过程中的工艺偏差,生成无限多的、不可克隆性的 ID,用于标识不同的芯片,相当于给每一块芯片赋予了一个指纹身份编号。正常工作时,通过读取芯片的指纹身份编号 ID,就可以判断芯片的合法性与具体身份,而实际应用中的芯片身份认证机制考虑的安全性更加复杂,如 RFID 标签的认证机制等,读写器可直接将收到的标签 ID 发送回后台数据库,通过查询数据库认证该标签是否合法及确定标签的身份;而基于随机化 Hash-Lock

协议的 RFID 认证机制相对复杂,读写器首先发送查询请求,标签收到请求后,计算 h(ID+R),其中 ID 和 R 分别为标签的指纹标识和真随机数发生器生成的随机数,h(x)为 Hash 函数,并将 R 与 h(ID+R)返回给读写器,然后读写器向后台数据库提出需求得到所有标签的 ID,接着读写器找寻 IDj,满足 h(IDj+R)= h(ID+R),如果发现则标签通过认证,否则认证不成功,并且将 IDj 发给标签,标签判断是否 IDj=ID,如果相等,阅读器通过此次认证,否则认证失败,验证结束。另外还有 Hash 链协议、基于杂凑的 ID 变化协议、基于异或运算的超轻量级安全认证协议等都是基于 ID 的 RFID 系统安全认证协议,实现均较复杂,但是都离不开原始的 ID,而一般 RFID 标签将 ID 事先存到 ROM 等非易失介质中,这种方式储存的 ID 很容易被窃取导致非法复制标签通过认证,基于 PUF 的 RFID 标签认证机制,其 ID 由 PUF 动态生成,很难被窃取从而保证 RFID 标签的合法性得到保障。

4. 防伪技术

通过将 PUF 集成各类产品包装中,生成用于标识产品唯一性的 ID,实现产品的防伪。现有的产品防伪技术包括条形码、二维码、RFID 标签等。随着攻击技术的发展,这些防伪技术比较容易被破解与复制,如最常见的二维码防伪技术。一般将二维码印制在正版产品的包装上,打开包装时只要二维码没有被撕毁,就有可能被不法商家回收重新印制在假冒商品上。另外,二维码为由像素构成的图像,通过激光打印很容易打印(复制)出相同的二维码图样,这些二维码图像如被印制到假冒产品上,用户就无法辨别其真伪。而基于 PUF 的防伪技术很难被破解与复制,由于 PUF 是通过捕获一致性器件的工艺偏差而生成 ID,即使是相同的 PUF 设计,在生产时每个 PUF 一致性器件的工艺偏差都不一样,生成的密钥 ID 也不同,因此很难复制出一样的 PUF 芯片,或者讲产品包装中 PUF 具有不可克隆性,另外当产品包装被打开时,PUF 电路就遭到破坏,即使假冒产品厂商回收正品包装,也无法还原 PUF 电路的原始特性,即无法生成与出厂时相同的唯一的 ID,这是由 PUF 电路的固有特性决定的。

针对不同的应用领域,PUF 的实现各有特点。面向身份认证的 PUF 正常工作时需要反馈多组 CRP 给服务器才能完成认证,并且每次认证过程中接收到的激励都不能重复,另外,在 PUF 的激励输入和响应输出的部分通常需要增加随机的 Hash 函数,保证 PUF 能够抵御模型攻击;面向安全密钥生成的 PUF 强调生成密钥具有不可克隆性,即使芯片制造商也无法复制,同时强调密钥相对于温度和电源电压变化时稳定性,否则加密系统将无法正常工作,另外强调 PUF 能够有效地抵御版图方向工程和微探测技术等物理攻击,保证生成密钥无法被截取;面向指纹识别的 PUF 通过捕获制造工艺的随机偏差,生成无限多的 ID,用于标识不同的芯片的身份,其强调产生的 ID 不可重复,并且每个芯片的 ID 编号之间的海明距离足够大;面向防伪应用的 PUF 主要用于甄别商品的真假,同时强调 PUF 电路的不可还原性,即正品包装被回收重新复原时,原先商品包装打开时遭到破坏的 PUF 电路也无法还原,无法生成原始的 ID。

综上所述,PUF 电路目前正逐步广泛地应用于身份认证、安全密钥生成、指纹识别和防伪技术等安全领域,而在不同应用领域中,PUF 电路的实现要求也不一样。

1.2 安全密钥生成技术

近些年来,随着互联网技术的快速发展,网络通信数据量呈现爆炸式的增长,人们获取数据信息的方式也越来越便捷高效,然而信息安全问题也变得越来越突出。最常用数据保护方式就是在发送端对数据进行加密处理,然后在接收端对数据进行解密再使用,随着攻击技术的发展,软件加密的方式变得越来越不安全,于是采用硬件实现加密算法(加密芯片)完成对数据的加解密已经成为当前信息安全领域的一个研究热点,硬件加密芯片相比软件加密方式被破解的成本代价更大。通常来说,加密芯片所采用的加密算法是公开的,例如 AES、DES 等对称加密算法,这些算法经过长期验证能够有效地抵御常见的攻击,同时近些年也出现了许多非公开的加密算法,甚至针对相同应用条件下不同用户可以定制不同的加密算法,实现更高级别的安全加密。无论加密算法是否公开,密钥都是私有的,也就是说攻击者即使窃取了加密算法,但是如果没有获取密钥也无法对数据进行解密,因此对于加密芯片而言保证密钥的安全至关重要。早期加密芯片在发送密文时需要同时发送固定密钥,接收端在收到密钥与密文后,采用该密钥结合解密算法对密文解密,这个过程中密钥需要与密文同时发送,或者说密钥完全是裸露在通信信道中,因此攻击者很容易通过窃听方式截取密钥,破坏整个加密系统。后来加密芯片采用随机数作为密钥,随机数一般通过真随机数生成器[25-26]产生,同时定期通过产生新的随机数更新密钥,这样即使密钥被攻击者窃取,由于密钥通过随机数定期更新,也就是说攻击者窃取到的密钥经过一段时间后就失效了,从而提高数据加密的安全性。另外,也出现了RSA 等非对称公钥加密算法,这类算法的加密所采用的密钥是公开的,接收端在对密文进行解密时采用私有密钥解密,即使加密密钥被截取,由于接收端采用动态私有密钥与非对称解密算法对密文解密才能得到明文,攻击者很难复制原始的动态私有密钥与非对称解密算法种子,故采用 RSA 非对称公钥加密算法的加密数据很难被破解。然而 RSA 加密过程复杂,明文信息量大时整个加密过程时间较长,效率不高,实际加密系统采取 RSA+AES(DES)结合的方式实现加密,首先利用 RSA 非对称加密算法对密钥进行加密,然后利用 AES(DES)对称加密算法结合密钥对明文进行加密,最后将加密后的密钥与密文发送给接收端,接收端首先利用 RSA 非对称解密算法还原原始密钥,然后利用 AES(DES)对称解密算法结合原始密钥还原密文,但是 RSA 等非对称公钥加密算法数学逻辑复杂,硬件实现开销较大,不适用于低资源开销的芯片应用,同时 AES、DES 等对称加密算法虽然实现逻辑开销相对较小,但是无论固定密钥还是随机数密钥都需要存储于如 ROM 等非易失介质中,工作过程中在系统时钟[27]驱动下读取密钥实现数据加解密。这种将密钥存储于 ROM 等非易失介质的方式存在三个局限性:

(1) 密钥被写入到 ROM 等非易失介质中,这本身对芯片的制造工艺有特殊要求,传统的数字工艺无法满足要求,需要采用 EEPROM 或者 flash 工艺等,同时 ROM 等非易失介质需要以 IP 核形式购买,一次性付费或者按照芯片数量付费,都增加了芯片的成本开销;如果采用传统的 e-fuse 工艺,还需要在芯片出厂前将密钥通过特殊工艺烧制进 ROM,这同样需要额外的成本。

(2) 密钥存储在 ROM 等非易失介质中,这种方式很不安全,通过版图反向工程和微探测技术等物理攻击方式很容易获取非易失介质中的密钥,从而破解整个加密系统。版图反向工程包括芯片开盖(去封装)、腐蚀覆盖层、磨片去层、化学染色、拍照成像等样片制备的物理过程,然后采用集成电路逻辑分析软件如 ChipLogic 等对各层相片进行电路分析、工艺分析、逻辑提取、版图绘制等步骤实现芯片分析,密钥作为二进制数据存储于 ROM 中,首先对 ROM 结构的各个层次成像,然后一般分析扩散层中电子阴影位置来判断二进制 0/1 数据,从而获取存储于 ROM 中的密钥;微探测物理攻击技术对芯片去封装、覆盖层后,采用 FIB 的方式从顶层开孔至低层的总线信号节点,并且通过填充金属介质将总线信号引到顶层,最后芯片加密工作过程中利用微探针探测读取总线上的密钥值,从而就可以获取密钥。

(3) EEPROM 或者 flash 等非易失介质工艺实现节点较低,如目前主流的 EEPROM 和 Nor flash 工艺节点为 $0.18~\mu m$ 和 $0.13~\mu m$,Nor flash 最先进的工艺节点为 65 nm,而先进的数字工艺可以做到 45 nm、28 nm、10 nm,甚至 7 nm,通过采用先进的工艺可以有效地提高加密芯片包括功能、速度、面积等性能开销,然而 EEPROM 或者 flash 等非易失介质工艺制程升级换代较慢,一定程度上影响了整个加密芯片工艺制程的升级,制约了加密芯片性能的提升;另外 EEPROM 或者 flash 等非易失介质面积开销较大,占据加密芯片总体面积 1/5 至 1/4 是很常见的情况,不利于整个加密芯片面积的缩小。

因此亟需一种成本开销小、实现简单、工艺移植快、安全可靠的密钥生成和存储技术,而物理不可克隆函数(Physical Unclonable Function,PUF)正是这样一种新型的安全密钥生成技术。PUF 电路主要是通过捕获片上相同器件之间的 mismatch 工艺变化特性而生成密钥,电路实现简单,无须特殊制造工艺的支持和额外的成本开销,采用普通工艺即可,工艺移植速度快,并且具有不可克隆性和防止物理攻击特性,能够有效地避免传统密钥生成方法的缺陷,应用于芯片密钥 ID 的生成。

本书主要研究基于 PUF 电路的安全密钥生成关键技术,实现安全密钥的生成,该研究显然具有巨大的现实意义和技术意义。

1.3 PUF 物理特性

面向安全密钥生成的 PUF 电路通过捕获芯片制造过程中产生的器件和连线的随机工艺偏差,生成无限多的密钥 ID,运用于不同的加密芯片实现数据的加解密。PUF 电路一般需要具备四大特性:不可克隆性(unclonable)、唯一性(uniqueness)、稳定性(reliability)和安全性(security),这些特性是衡量 PUF 设计性能的重要指标。

1. 不可克隆性

不可克隆性是指 PUF 电路生成的密钥 ID 无法预测,一旦一块 PUF 电路出厂,其密钥就确定,即使芯片制造商也无法复制一块完全相同的 PUF 电路。由于 PUF 是通过捕获制造工艺的偏差而生成 ID,不同批次不同 Die,以及相同 Die 上对称单元的工艺偏差是随机的,无法预测,而且这种随机性无法克服,是由工艺制造过程决定的,所以生成的 ID 也不同,事先无法预测。即使一个 PUF 芯片的版图被反向重构,但是在重新制造过程中工艺偏差情况又随机不一样,故新生成的 ID 也不可能与之前的 PUF 完全一致。因此 PUF 芯片具有不可克隆性。

2. 唯一性

唯一性是指 PUF 电路能够产生独立的、不重复的密钥 ID 的能力。具体要求每块 PUF 电路对应的密钥都不相同,即具备唯一的密钥,或者说 PUF 电路生成密钥的重复概率很低,并且每个芯片的密钥之间的海明距离足够大,当环境条件变化时芯片之间密钥碰撞的概率较低。唯一性主要取决于 PUF 对称单元对工艺的敏感性,换句话说取决于 PUF 电路在制造过程中对称单元工艺偏差的大小。PUF 对称单元工艺敏感性越强,对称单元制造工艺偏差越大,PUF 电路的唯一性就越强,也可通过引入独立的唯一性增强机制来改善 PUF 电路的唯一性。而对于其他模块电路则需要减小工艺偏差,实现精准设计,可通过电路设计、工艺优化、设备改善等方式减小工艺偏差。

3. 稳定性

稳定性是指当外界环境条件变化时(温度和电源电压等),PUF 生成的密钥保持稳定的能力,否则密钥一旦随温度和电源电压等条件变化而改变,整个加密系统就会无法正常工作。稳定性主要取决于 PUF 单元的稳定性,即在温度和电源电压等环境条件变化时,PUF 单元保持输出物理量(延迟时间和分压值等)稳定不变的能力。PUF 输出的物理量偏差随环境条件改变而发生的变化就越小,PUF 单元的稳定性越强,PUF 电路的稳定性也越强,输出密钥 ID 越稳定,也可通过引入独立的稳定性增强机制来改善 PUF 电路的稳定性。

4. 安全性

当 PUF 用于芯片认证时,PUF 每次认证所接收到的激励都不能重复,阻止重复攻击

(replay attack),同时 PUF 需要抵御模型攻击[28-34]等,也要防止攻击者创建软件模型来克隆 PUF 芯片。当 PUF 用于密钥 ID 生成时,安全性是指 PUF 抵抗版图反向工程和微探测技术等物理攻击的能力,保证生成密钥不被攻击者窃取和复制。反向工程通过反向逐层拍照、版图分析获得密钥,微探测技术通过 FIB 打孔灌金属将信号节点引到顶层探测密钥 ID,PUF 设计时需要针对这两种攻击技术的特点,优化 PUF 电路版图布局、布线方式,有效抵御版图反向工程和微探测技术的物理攻击,确保密钥的安全。

总之,不可克隆性、唯一性、稳定性和安全性四大特性是衡量 PUF 设计性能的重要指标,四大特性越好,PUF 的性能也越好。由于 PUF 是利用制造工艺的偏差而生成 ID,每块芯片的工艺偏差是随机的,无法预测,所以生成的 ID 也无法预测。因此即使一个芯片的 ID 被截取,PUF 的版图通过反向工程被重构,但是在重新制造过程中工艺偏差情况不一样,故新生成的 ID 就不可能和截取的 ID 完全一致,所以 PUF 芯片不可能被克隆。同时这种工艺偏差在制造过程中是无法避免的,所以不可克隆性是 PUF 天生具有的特性。因此,本书在 PUF 设计过程中,从唯一性、稳定性和安全性三大特性去衡量 PUF 性能。换句话说,唯一性、稳定性和安全性是 PUF 设计中面临的最重要的三大挑战。

1.4 国内外相关研究工作

近些年来,国内外出现了许多种 PUF 电路结构。根据 PUF 构成单元的不同类型,PUF 主要分为两大类:基于延迟单元的 PUF 电路,其中包括基于判决器的 PUF 电路[35-48]、基于环路振荡器的 PUF 电路[49-60]和基于反相器单元的 PUF 电路[61]等;基于分压单元的 PUF 电路,其中包括基于电源线网格的 PUF 电路[62-64]、基于漏电流的 PUF 电路[65]、基于电流镜单元的 PUF 电路[66]、基于 Butterfly 单元的 PUF 电路[67]、基于 SRAM 单元的 PUF 电路[68-74]、基于 Latch 单元的 PUF 电路[75]和基于敏感放大器单元的 PUF 电路[76]等。下面详细介绍常见的几种 PUF 电路结构和工作原理。

1. 基于判决器的 PUF 电路

基于判决器的 PUF 电路(Arbiter-based PUF)是一种最常见的 PUF 电路,其结构如图 1-1 所示。主要是通过级联多个开关延迟单元(switch delay block)形成两条对称的延迟通路,每一级开关延迟单元包含两个对称的延迟单元,根据选择信号的不同,两个输入信号分别经过不同的延迟单元到达输出,由于芯片制造中对称的延迟单元的工艺偏差不一致,所以级联构成的两条对称的延迟通路延迟时间也不同,多路选择信号组成 PUF 的激励,不同的激励取值导致不同的两条延迟通路;经过两条对称延迟通路后的延迟信号通过由锁存器(latch)或者触发器(filp-flop)构成的判决器(arbiter)判决产生 0/1 的响应,即生成密钥 ID。

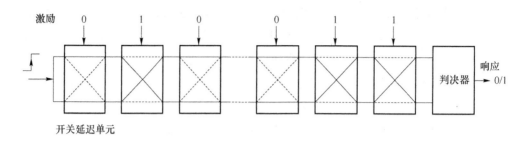

图 1-1　基于判决器的 PUF 电路结构

2. 基于环路振荡器的 PUF 电路振荡器

基于环路振荡器的 PUF 电路(Ring Oscillator-based PUF)是一种基于捕获振荡器(oscillator)频率随工艺变化而产生的微弱变化的 PUF 电路。根据包含振荡器的数量,基于环路振荡器的 PUF 电路的结构分为图 1-2 和图 1-3 两种。按照图 1-2 所示,基于环路振荡器的 PUF 电路由单个可编程振荡器、边沿检测器(edge detector)和计数器(counter)组成,振荡器则由多个一致的负载可编程的延迟单元构成,所有延迟单元的负载编程信号组成 PUF 的激励,边沿检测器用于在固定时间内检测振荡器产生时钟信号的上升沿,计数器则对这些上升沿进行计数,计数结果为 PUF 的响应。由于工艺偏差的存在,每个 PUF 对应的振荡器震荡的时钟频率存在微弱变化,所以输出的响应也不同。

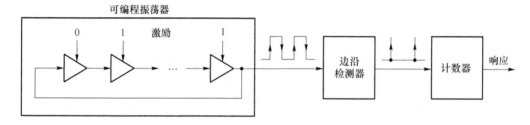

图 1-2　基于单个可编程环路振荡器的 PUF 电路结构

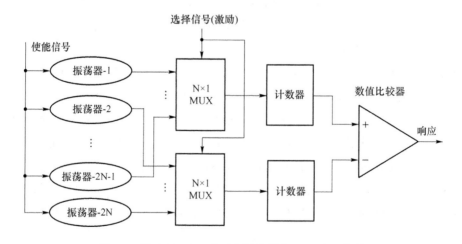

图 1-3　基于 2N 个一致环路振荡器的 PUF 电路结构

而在图 1-3 所示结构中,包含 $2N$ 个设计一致的振荡器、两个 $N\times1$ 多路选择器(Multiplexer)、两个计数器和数值比较器。在制造时由于工艺的偏差,每一个振荡器可以产生具有不同频率的微弱时钟信号,然后根据选择信号的逻辑值,两个 $N\times1$ 多路选择器被用来从 $2N$ 个不同频率的时钟信号中选择两个输出,接着分别通过计数器分别对选出的两路时钟信号进行上升沿计数,最后利用数值比较器对两个计数结果进行比较,判决产生 0/1 输出。这里定义选择信号逻辑值为激励,判决 0/1 输出为响应。

3. 基于电源线网格的 PUF 电路激励

基于电源线网格的 PUF 电路(Power Grid-based PUF)是一种通过捕获对称电源网格电压值随工艺变化而产生的微弱电压差的 PUF 电路。电源布线网格的实现结构如图 1-4 所示。相邻的两层的电源金属线按照垂直角度布线,从而形成网格,交叉点通过通孔连接成为一个 grid,地线按照同样方式布线,电源线 grid 和地线 grid 交错出现。基于电源线网格的 PUF 电路的结构如图 1-5 所示,包含 N 个设计一致的 SMC 和电压比较器。SMC 被部署到芯片的不同位置上,根据扫描数据控制不同的 SMC 轮流工作,在某个时刻,一个或者多个 SMC 可以同时工作。每个 SMC 可以测量所在位置对称网格上电压值,由于对称走线的工艺偏差,所以导致对称网格上的两个电压值存在微弱偏差,同时利用电压比较器对两个电压值进行比较,判决产生 0/1 输出。这里定义扫描数据为激励,判决 0/1 输出为响应。

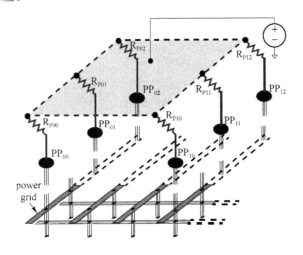

图 1-4 电源线网格的实现结构

4. 基于存储单元的 PUF 电路

基于存储单元的 PUF 电路(Memory-based PUF)是一种基于 memory 单元的 PUF电路。其整体结构如图 1-6 所示,包含 N 个设计一致的 memory 单元、两个 $N\times1$ 多路选择器(Multiplexer)和电压比较器。memory 单元可以由 SRAM 单元、Latch 单元或 Sense amplifier 单元等实现,其电路结构分别如图 1-7、图 1-8 和图 1-9 所示。显然 memory 单元

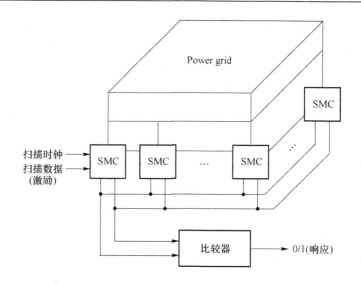

图 1-5　基于电源线网格的 PUF 电路结构

均包含交叉耦合的对称结构,在制造时,由于交叉耦合对称电路的工艺的不匹配,所以导致每一个 memory 单元在上电后存储不同 0/1 状态,而且两种状态的出现是随机的。进一步来讲上电后,每个 memory 单元根据存储状态可以输出两路不同的电压信号,然后根据选择信号的逻辑值,两个 $N \times 1$ 多路选择器从 N 个 memory 单元中选择一个单元的两路电压信号输出,最后利用电压比较器对两个电压值进行比较,判决产生 0/1 输出。这里定义选择信号逻辑值为激励,判决 0/1 输出为响应。

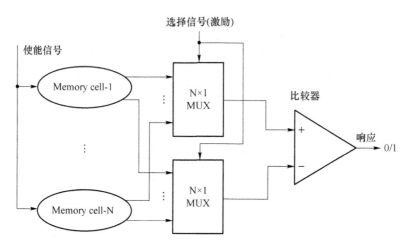

图 1-6　基于存储单元的 PUF 电路结构

通过比较分析可得,因为这些 PUF 电路对工艺的敏感性和自身结构的特性存在很多不同之处,所以其表现出不同的性能,换句话说不同的 PUF 具有不同的优缺点。如相比于基于环路振荡器的 PUF 电路,基于判决器的 PUF 电路的面积开销更低,故更适合于资源受限型应用[22],但是在大的温度和电源电压变化范围内,基于环路振荡器的 PUF

电路又具有更高的稳定性。还有相比于基于电源线网格的 PUF 电路或者 SRAM-based PUF 的唯一性更好,原因在于 Bufferfly 单元和 SRAM 单元对工艺的变化更加敏感,相反由于电阻比随着温度的变化基本保持不变,故基于电源线网格的 PUF 电路对温度的变化表现出更高的稳定性。

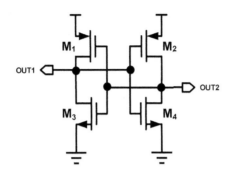

图 1-7　SRAM 单元的电路结构

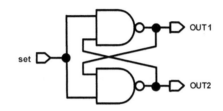

图 1-8　Latch 单元的电路结构

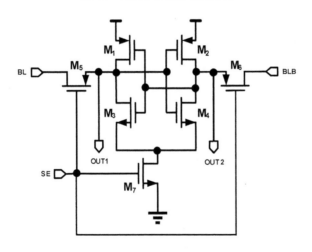

图 1-9　Sense amplifier 单元的电路结构

　　进一步研究可发现,PUF 的唯一性主要取决于 PUF 单元对工艺变化的敏感性,即 PUF 单元对工艺变化越敏感,那么对应的 PUF 的唯一性就越好;PUF 的稳定性则主要取决于 PUF 单元对温度和电源电压等环境条件变化的稳定性,即当温度和电源电压等环境因素变化时 PUF 单元越稳定,则对应的 PUF 稳定性越高。通过研究发现,上述 PUF 所包含的 PUF 单元都不能同时具备良好的工艺敏感性和稳定性,故这些 PUF 电路都不能同时具有良好的唯一性和稳定性。以基于延迟单元的 PUF 为例,电流饥饿型延迟单元对工艺的敏感特性较差,但是随着电源电压的变化其延迟时间基本不变,于是对应 PUF 的唯一性较差,稳定性较好;HVT 反相器延迟单元对工艺的敏感特性较好,但是随着温度和电源电压的变化其延迟时间有较大的变化,于是对应 PUF 的唯一性较好,稳定性很差;普通反相器延迟单元对工艺的敏感特性较差,随着温度和电源电压的变化其延迟时间也有较大的变化,于是对应 PUF 的唯一性和稳定性都很差。基于分压单元的 PUF 也面临同样的问题。因此,亟需设计新型的 PUF 单元,来保证对应 PUF 同时具备良好的唯一性和稳定性。

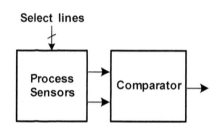

图 1-10 传统的 PUF 电路体系结构

深入研究可知,这些的 PUF 电路都基于同样的体系结构而设计,其体系结构如图 1-10 所示。工艺敏感电路(Process Sensor)输出的具有微弱物理特性偏差的信号(延迟信号或者分压信号)直接被接入偏差比较电路(Comparator)。其一,微弱的物理特性偏差信号很容易被电路本身和环境的噪声淹没,导致偏差比较电路的误判;其二,当如温度和电源电压等环境条件变化时,微弱的物理特性偏差会变得更小,当小于偏差比较电路的比较精度时,比较电路就会产生误判。因此基于这种传统体系结构的 PUF 电路稳定性比较差,在大的温度和电源电压工作范围内,芯片合格率较低。故需要对传统结构进行改造和优化,提出新型的 PUF 设计体系结构,提高 PUF 电路的稳定性。

另外,为了进一步提高 PUF 电路稳定性,目前已出现了很多稳定性增强机制电路。通过增加稳定性增强机制到 PUF 电路中,PUF 的稳定性得到显著提高。Devadas 等[77] 提出了一种在信息理论上安全的 Index-Based Syndrome 编码方案,实现稳定性的增强;Paral 等[78] 则引入一种模式匹配技术完成误码矫正,提高 PUF 的稳定性;Bösch 等[79]、Maes 等[80,81]、Taniguchi 等[82]、Kang 等[83]、Delvaux 等[84] 也提出了其他的误码矫正方案。无论哪种校正方案,都需要经历 provision 和 re-generation 两个过程。首先在 provision 阶段基于原始 key 编码生成 helper data,也称为 syndrome,并存储在非易失介质中;然后在 re-generation 阶段读取 syndrome 通过误码矫正算法对错误的 key 进行纠错,还原正确的 key。虽然这些方案能够有效地改善 PUF 电路的稳定性,但是它们都需要实现复杂的误码矫正逻辑,如 BCH decoder 等,同时存储在非易失介质中的 syndrome 很容易被窃取进而导致密钥 ID 的泄露。Majzoobi[85] 在 FPGA 上实现举手表决机制,提高 delay-based PUF 输出 ID 的稳定性。但是表决机制面积开销较大,同时只针对电源电压的变化有效,当工作温度变化时,表决机制无法保证 ID 稳定输出。Vivekraja 等[86] 提出了一种基于监测芯片工作温度,通过反馈进行电源电压控制的 PUF 设计方案,即根据反馈温度信息的不同,PUF 电路选择在不同的电源电压下工作,这样可以有效地提高 PUF 输出 ID 相对于温度变化的稳定性。但是对电源电压浮动的情况无效。因此,我们需要建立新的稳定性增强机制电路,要求实现简单,无须 syndrome 解码,并且可以改善 PUF 电路相对于温度和电源电压变化的稳定性。

综上所述,现有的面向安全密钥生成的 PUF 电路由于在 PUF 单元、PUF 体系结构和稳定性增强机制等方面的设计存在局限性,导致其唯一性和稳定性等性能都比较差。因此,本书从 PUF 单元、PUF 体系结构、稳定性增强机制、扩散算法和版图布局布线等方面分别展开研究,以提高 PUF 电路的唯一性、稳定性和安全性。通过设计新型的 PUF 单元和密钥 ID 扩散算法,增强 PUF 电路的唯一性;通过构建新型的 PUF 体系结构、设计新的表决机制电路,增强 PUF 电路的稳定性;通过研究对称布局和等长走线,以及特殊的顶层 S 型网格布线等版图实现技术,增强 PUF 电路的安全性。

1.5　本书主要内容

现有的面向安全密钥 ID 生成和存储的 PUF 实例由于在 PUF 单元、PUF 体系结构和稳定性增强机制等方面的设计存在局限性,导致 PUF 的唯一性和稳定性等性能都比较差。为了增强 PUF 的唯一性、稳定性和安全性等性能指标,本书从 PUF 单元、PUF 体系结构、稳定性增强机制、扩散算法和版图布局布线等方面分别展开研究和设计,同时从理论分析、电路仿真和测试比较等方面说明和验证采用的关键技术的优越性。本书主要内容具体包括以下几个方面。

(1) 新型的 PUF 单元研究和设计

通过研究器件尺寸和宽长比与器件失配(mismatch)特性之间的关系,提出增强 PUF 单元工艺敏感性的方法;通过量化计算 PUF 单元的物理特性,提出利用量化特性对温度和电源电压求导获取相关设计量最优值的增强 PUF 单元稳定性的方法;基于上述增强性方法,设计实现四种新型的 PUF 单元,包括电流饥饿型延迟单元、晶闸管型延迟单元、电阻-二极管型分压单元和纯电阻桥式网络型分压电路单元。

(2) 新型的 PUF 体系结构研究

相比于传统结构,提出新型的 PUF 体系结构,包括工艺敏感电路、偏差放大电路和偏差比较电路。由于新型 PUF 体系结构中引入偏差放大电路,放大微弱的物理特性偏差,减小其对偏差比较电路的比较精度和各种噪声的敏感性,从而使得比较电路能够产生稳定的输出,即提高了整个 PUF 的稳定性。

（3）新型举手表决机制研究和实现

通过对举手表决机制的理论分析,研究采样次数、采样算法和比较阈值三个因素与举手表决机制生成稳定 ID 能力之间的关系;在此基础上,提出高效的举手表决机制的设计方法;最后基于此方法设计实现新型的举手表决机制电路。

（4）扩散算法研究和设计

为了提高 PUF 的唯一性,设计新型的 ID 扩散算法,保证扩散后的 ID 在一个大数值统计空间内满足均匀分布,增大 ID 之间的海明距离,减小 ID 碰撞的概率,增强 PUF 的唯一性。原创的扩散算法具有结构简单、扩散范围宽等优点。

（5）安全性增强技术研究

针对版图反向工程和微探测技术的物理攻击方式,从 PUF 版图设计角度出发,研究对称布局和等长走线的版图实现策略,以及特殊的顶层 S 型网格布线技术,实现 PUF 对版图反向工程和微探测技术等物理攻击的有效抵御,保证 PUF 生成的密钥 ID 的安全性。

（6）面向安全密钥生成的 PUF 原型芯片设计实现

在 $0.18\mu m$ CMOS 工艺下,设计实现四种新型的 PUF 电路原型芯片,包括基于电流饥饿型延迟单元的 PUF、基于晶闸管型延迟单元的 PUF、基于电阻-二极管型分压单元的 PUF 和基于纯电阻桥式网络型分压单元的 PUF。通过仿真和测试,综合评估每种PUF 电路的速度、功耗、面积、唯一性、稳定性和安全性等性能。

本书以增强唯一性、稳定性和安全性为目标,紧密围绕面向安全密钥生成的 PUF 电路实现核心理论和关键技术问题展开深入研究;探索面向安全密钥生成的 PUF 电路芯片设计和验证方法,构建较完整的面向安全密钥生成的 PUF 电路芯片设计实现技术体系;设计实现新型的面向安全密钥生成的 PUF 电路原型芯片。

第 2 章　新型 PUF 单元研究

根据 PUF 结构的特性,PUF 单元分为两大类:延迟型 PUF 单元和分压型 PUF 单元。无论何种类型的 PUF 单元,其工艺敏感性直接决定 PUF 电路的唯一性,同时 PUF 单元在温度和电源电压等环境条件变化时的稳定性也直接决定 PUF 电路的稳定性。因此,增强 PUF 单元对工艺的敏感性和对环境条件变化时的稳定性,可以有效地提高 PUF 电路的唯一性和稳定性。本章首先研究影响 PUF 单元工艺敏感性和稳定性的各种因素,提出增大 PUF 单元工艺敏感性和稳定性的方法;然后基于这种方法设计四种新型的 PUF 单元;最后通过对各种新型的 PUF 单元进行 Monte Carlo 统计分析,比较不同 PUF 单元的工艺敏感性和稳定性。

2.1　PUF 单元工艺敏感性研究

PUF 单元工艺敏感性是指当制造工艺变化时,相同的 PUF 单元表现出不同的物理特性。PUF 单元工艺敏感性越强,相同 PUF 单元输出的物理量偏差就越大。很明显工艺敏感性首先与制造工艺具有直接关系,而制造工艺的变化大小同制造设备、方法和环境等各种因素有关,这些因素对于电路设计而言无法控制;Lin 等[87]则通过降低电源电压使得组成 PUF 单元的 MOS 器件工作在亚阈值区域,来增强 PUF 单元对工艺的敏感性,但是 MOS 器件工作在亚阈值区域时 PUF 单元的延迟时间变长,进而会导致 PUF 产生 ID 比特的速率降低;本节主要从构成 PUF 单元的器件尺寸和宽长比的角度,研究提高 PUF 单元工艺敏感性的方法。

2.1.1　器件尺寸与工艺敏感性关系分析

一般来讲,当制造工艺变化时,即使相同的器件或者电路,其工艺参数都会变得不一致。这种变化通常分为两大类:interdie variation 和 intradie mismatch。interdie variation 是指由于制造工艺变化,不同 die 或者不同 wafer 上相同器件的工艺参数是不一致的,而相同 die 上的所有器件的工艺变化一致。intradie mismatch 是指在同一个 die 上,由于制造工艺的随机抖动,导致即使设计一致的器件也具有微弱不同的物理特性参数。PUF 主要是通过捕获片上相同器件之间的失配(mismatch)特性而产生密钥的。

具体来讲,在 PUF 电路中,N 个一致的 PUF 单元在片上对称实现,在制造时由于工艺的偏差,组成 PUF 单元的器件存在失配,导致每个 PUF 单元具有微弱不同的物理特性(延迟时间和分压值等)。而器件的失配特性是指 N 个一致对称的器件在片上实现时,由于制造工艺的随机变化,各种物理特征参数(包括阈值电压 V_{th}、载流子迁移率 μ_o 等)相对于理想值都存在随机的偏差。通过研究参考文献[88]~[92],可知各种物理特征参数的 Mismatching 模型为:

$$\sigma_{\text{parameter}} = \frac{f_{\text{parameter}}}{\sqrt{W \cdot L}} \tag{2-1}$$

如器件阈值电压 V_{th} 的 Mismatching 模型为 $\sigma_{V_{th}} = \dfrac{f_{V_{th}}}{\sqrt{W \cdot L}}$。

显然各种物理特征参数随着工艺变化而变化的标准方差都正比于 $\dfrac{1}{\sqrt{W \cdot L}}$。即当 MOS 管的尺寸越小时,各种物理特征参数对工艺越敏感。因此,组成 PUF 单元的器件需要采用小尺寸的器件,才能有效地增强器件本身的失配特性,进而提高 PUF 单元的工艺敏感性。

2.1.2　器件宽长比 W/L 与工艺敏感性关系分析

通过对不同尺寸器件分别进行失配的 Monte Carlo 统计分析,比较不同宽长比 W/L 条件下器件阈值电压 V_{th} 随工艺变化而变化的标准方差,结果如图 2-1 所示。图中 X 轴为宽长比 W/L,Y 轴是阈值电压 V_{th} 随工艺变化的标准方差,其中 W/L 从 0.24/1.5 变化到 1/0.5,分析该图可得:

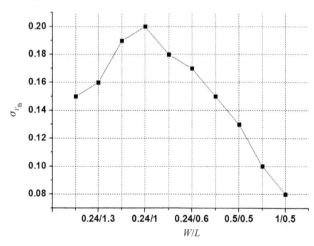

图 2-1　不同宽长比 W/L 条件下器件的 V_{th} 随工艺变化的标准方差

(1) 当器件宽长比 W/L 从 $1/0.5$ 减小到 $0.24/0.5$,同时 $W \cdot L$ 也在逐渐减小时,阈值电压 V_{th} 变化的标准方差逐渐增大,这种变化趋势同已有的器件 Mismatching 模型一致;

(2) 当器件宽长比 W/L 从 $0.24/0.5$ 减小到 $0.24/1$,即 $W \cdot L$ 在逐渐增大时,阈值电压 V_{th} 变化的标准方差逐渐增大,这个过程同已有的器件 Mismatching 模型变化有所不同;

(3) 当器件宽长比 W/L 从 $0.24/1$ 减小到 $0.24/1.5$,即 $W \cdot L$ 在逐渐增大时,阈值电压 V_{th} 变化的标准方差逐渐减小,这种变化趋势同已有的器件 Mismatching 模型变化一致。

通过分析可知,阈值电压 V_{th} 随工艺变化的标准方差不仅取决于 $W \cdot L$,而且同宽长比 W/L 存在紧密关系。当 W/L 比较大时,阈值电压 V_{th} 的标准方差正比于 $\dfrac{1}{\sqrt{W \cdot L}}$;当 W/L 处于倒比区域,通过增大 L 来减小 W/L 时,$W \cdot L$ 在逐渐增大,V_{th} 的标准方差会出现最大值拐点。换句话说,当器件 W/L 比较大或者比较小时,阈值电压 V_{th} 的标准方差主要取决于 $W \cdot L$ 尺寸,随着 $W \cdot L$ 尺寸的减小,阈值电压 V_{th} 的标准方差逐渐增大;当器件 W/L 处于中间区域时,阈值电压 V_{th} 的标准方差主要取决于 W/L,随着 W/L 的减小,阈值电压 V_{th} 的标准方差逐渐增大。

因此,器件的物理特征参数 V_{th} 的 Mismatching 模型可以修正为:

$$\sigma_{V_{th}} = \frac{f_{1V_{th}}}{\sqrt{W \cdot L}} + \frac{f_{2V_{th}}}{\sqrt{W/L}} \tag{2-2}$$

同理,器件的其他物理特征参数随工艺变化的标准方差也不仅取决于 $W \cdot L$,而且同 W/L 存在紧密关系。当 W/L 比较大时,器件物理特征参数的标准方差 $\sigma_{parameter}$ 正比于 $\dfrac{1}{\sqrt{W \cdot L}}$;当 W/L 处于倒比区域,通过增大 L 来减小 W/L 时,$W \cdot L$ 在逐渐增大,$\sigma_{parameter}$ 会出现最大值拐点。换句话说,当器件 W/L 比较大或者比较小时,器件物理特征参数的标准方差 $\sigma_{parameter}$ 主要取决于 $W \cdot L$ 尺寸,随着 $W \cdot L$ 尺寸的减小,物理特征参数的标准方差 $\sigma_{parameter}$ 逐渐增大;当器件 W/L 处于中间区域时,物理特征参数的标准方差 $\sigma_{parameter}$ 主要取决于 W/L,随着 W/L 的减小,物理特征参数的标准方差 $\sigma_{parameter}$ 逐渐增大。物理特征参数的 Mismatching 模型也都可以修正为公式(2-3)的形式。

$$\sigma_{parameter} = \frac{f_1}{\sqrt{W \cdot L}} + \frac{f_2}{\sqrt{W/L}} \tag{2-3}$$

因此,在 PUF 单元设计中,选择组成 PUF 单元的器件尺寸时,不仅需要考虑 $W \cdot L$,而且要考虑宽长比 W/L 对器件的失配特性的影响。我们通过仿真选择器件的合适尺寸,使得 PUF 单元工艺敏感性达到最大。为了满足工艺敏感性的要求增强 PUF 唯一性,PUF 单元器件的尺寸一般都比较小,从而导致延迟型 PUF 单元的延迟时间增大,降低了

PUF 生成 ID 的速率,因此在 PUF 设计中需要综合考虑 PUF 唯一性和 ID 生成速率的要求。

2.2　PUF 单元稳定性研究

由于环境条件如温度和电源电压的改变,以及电路器件老化等问题,PUF 单元输出的物理量变得不稳定,导致 PUF 输出密钥改变。PUF 单元的稳定性就是指在温度和电源电压等环境条件变化时,PUF 单元保持输出物理量(延迟时间和分压值等)稳定不变的能力。PUF 单元稳定性越强,其输出的物理量偏差随环境条件改变而发生的变化就越小。

Kumar 等[93-97]通过在不同的栅源电压 V_{GS} 下分析 PMOS 管和 NOMS 管漏极电流随着温度变化的基础上,提出了通过选择最优电源电压,改善延迟单元的温度依赖传播延迟特性的抗温度漂移的设计方法,使得延迟单元在不同温度条件下延迟时间保持基本不变。

在不同的电源电压 V_{DD}(栅源电压 V_{GS})条件下,PMOS 管和 NOMS 管漏极电流值随着温度变化而变化的分布如图 2-2 所示。显然,在不同的温度条件下随着电源电压 V_{DD} 增大时,MOS 管的漏极电流都逐渐增大;当电源电压 V_{DD} 较小时,随着环境温度的增大,MOS 管的漏极电流增大,当电源电压 V_{DD} 较大时,随着环境温度的增大,MOS 管的漏极电流减小,因此必然存在一个拐点电压,当 V_{DD} 等于拐点电压时,MOS 管的漏极电流在环境温度变化时基本保持不变;而通过图 2-2 可知,当 $V_{DD}=0.72\ \mathrm{V}$ 时,NMOS 管的漏极电流随着温度的变化保持不变,当 $V_{DD}=1.14\ \mathrm{V}$ 时,PMOS 管的漏极电流随着温度的变化保持不变。当 MOS 管处于饱和区工作状态时,其漏极电流大小如公式(2-4)所示。

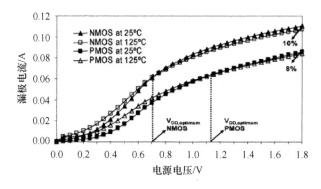

图 2-2　在不同的温度条件下,PMOS 管和 NOMS 管漏极电流值随着电源电压
V_{DD} 变化而变化的分布图($|V_{DS}|=|V_{GS}|=V_{DD}$)

$$I_{D}=\frac{1}{2}\mu_{o}C_{ox}\frac{W}{L}(V_{GS}-V_{th})^{2} \tag{2-4}$$

在公式(2-4)中的载流子 $\mu_\circ$ 和阈值电压 V_{th} 都和温度有关,即随着温度的变化而变化。因此,当 $V_{GS} = V_{DD} = V_{DD,opt}$ 时,可以有效补偿温度变化引起的载流子和阈值电压的变化,从而使得 I_D 随着温度变化保持不变。

同理,当延迟单元工作在最优电源电压下,就可以补偿温度变化引起的载流子和阈值电压的变化,从而减小延迟时间对温度变化的敏感性。通过实验可知,多种延迟单元被选择工作在各自最优电源电压下,其相应延迟时间在大温度变化范围内都保持基本不变。

这种方法数学上的描述如公式(2-5)所示,通过量化计算延迟单元的延时特性,然后利用量化的延时特性对温度求导在拐点处获得电源电压 V_{DD} 的最优值。

$$\frac{\partial t_d}{\partial \text{temp}}\bigg|_{V_{DD}=V_{DD,opt}}=0 \qquad (2-5)$$

为了改善延迟型 PUF 单元相对于电源电压和温度变化的稳定性,我们推广公式(2-5)为公式(2-6)和公式(2-7),通过量化计算延迟单元的延时特性,然后利用量化的延时特性分别对温度和电源电压求导在拐点处获得相关参数 α_{p1} 和 α_{p2} 的最优值。不同的延迟型 PUF 单元参数 α_{p1} 和 α_{p2} 的物理含义不同。当延迟型 PUF 单元根据最优量 $\alpha_{p1,opt}$ 和 $\alpha_{p2,opt}$ 设计时,在温度和电源电压变化的条件下,延迟型 PUF 单元输出的延迟时间保持基本不变。

$$\frac{\partial t_d}{\partial \text{temp}}\bigg|_{\alpha_{p1}=\alpha_{p1,opt},\alpha_{p2}=\alpha_{p2,opt}}=0 \qquad (2-6)$$

$$\frac{\partial t_d}{\partial V_{DD}}\bigg|_{\alpha_{p1}=\alpha_{p1,opt},\alpha_{p2}=\alpha_{p2,opt}}=0 \qquad (2-7)$$

进一步可知,公式(2-6)和公式(2-7)可推广为公式(2-8)和公式(2-9),用来定义 PUF 单元的通用物理特性(延迟时间、偏置电压等)。通过量化计算 PUF 单元的物理特性,然后利用量化物理特性分别对温度和电源电压求导在拐点处获得相关参数 α_{p1} 和 α_{p2} 的最优值。不同 PUF 单元的参数 α_{p1} 和 α_{p2} 的物理含义不同。当 PUF 单元根据最优量 $\alpha_{p1,opt}$ 和 $\alpha_{p2,opt}$ 设计时,在温度和电源电压变化的条件下,PUF 单元的输出保持基本不变。

$$\frac{\partial P_c}{\partial \text{temp}}\bigg|_{\alpha_{p1}=\alpha_{p1,opt},\alpha_{p2}=\alpha_{p2,opt}}=0 \qquad (2-8)$$

$$\frac{\partial P_c}{\partial V_{DD}}\bigg|_{\alpha_{p1}=\alpha_{p1,opt},\alpha_{p2}=\alpha_{p2,opt}}=0 \qquad (2-9)$$

因此,在 PUF 单元设计时,我们可以采用通过量化计算 PUF 单元的物理特性,利用量化特性对温度和电源电压求导获取相关设计量最优值的增强 PUF 单元稳定性的设计方法,来提高 PUF 单元的稳定性。

2.3　新型 PUF 单元设计

本节设计实现四种新型的 PUF 单元,包括电流饥饿型延迟单元、晶闸管型延迟单元、电阻-二极管型分压单元和纯电阻桥式网络型分压电路单元。针对每种类型的 PUF 单元,首先详细地分析其电路结构和工作原理,然后基于前面章节提出增强方法,分别对 PUF 单元的工艺敏感性和稳定性进行加强,使得 PUF 单元同时具有较好的工艺敏感性和稳定性。

2.3.1　延迟型 PUF 单元

1. 电流饥饿型延迟单元

(1) 电路结构和工作原理

相对于已有的电流饥饿型延迟单元(Current Starved Delay Element)[98-105]而言,本小节提出的电流饥饿型延迟单元电路结构如图 2-3 所示,其中包括一个电流饥饿型反相器、一个 MOS 开关和一个整形反相器。MOS 开关 M_4 是一个大尺寸的晶体管,用于控制延迟单元的工作状态,当 Sel 为 0 时,电流饥饿型延迟单元正常工作,反之不工作。整形反相器用于对输出延迟信号进行整形。电流饥饿型反相器中的压控电流源根据偏置电压 V_{ref} 产生对应的控制电流 I_{ctrl}。

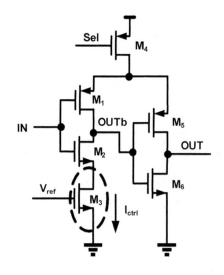

图 2-3　电流饥饿型延迟单元结构

假如初始状态 OUTb 被预充电为 V_{DD},OUT 就被放电为 0,那么电流饥饿型延迟单元就处于关闭状态。当输入 CLK 产生一个上跳沿时,即信号 IN 出现一个上跳沿,NMOS 管 M_1 关断,NMOS 晶体管 M_2 开启,OUTb 开始通过压控电流源 NMOS 晶体管 M_3 放电,放电电流为 I_{ctrl}。直到 OUTb 被放电到 $V_{DD}/2$ 时,整形方向器的输出 OUT 立刻完成从 0 到 V_{DD} 的跳变,也即是说 CLK 的上跳沿到达节点 OUT。

当输入 CLK 产生一个下跳沿时,即信号 IN 出现一个下跳沿,NMOS 管 M_1 开启,NMOS 晶体管 M_2 关断,OUTb 开始通过 NMOS 晶体管 M_1 充电,直到 OUTb 被充电到

$V_{DD}/2$ 时,整形方向器的输出 OUT 立刻完成从 V_{DD} 到 0 的跳变,也即是说 CLK 的下跳沿到达节点 OUT。

(2) 电源电压和温度特性分析

在 $0.18\mu m$ CMOS 工艺下,设计电流饥饿型延迟单元。同时在不同的工作电源电压 V_{DD} 下,选择不同的偏置电压 V_{ref},模拟仿真延迟单元的延迟时间。结果统计如图 2-4 所示,显然在不同的电源电压 V_{DD} 条件下,随着 V_{ref} 的增大,晶体管 M_3 的等效电阻减小,放电通路整体等效电阻减小,电流饥饿型延迟单元的延迟时间 t_d 也都减小。

通过比较分析图 2-4 曲线,可知 V_{ref} 取值不同,延迟单元处于不同的工作区域。

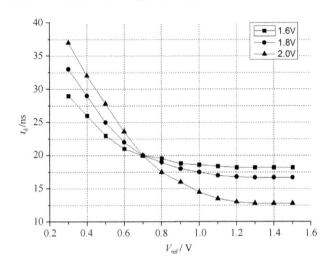

图 2-4 在不同的电源电压条件下,延迟时间随偏置电压变化的结果统计图

① 当 V_{ref} 取值比较小时,晶体管 M_3 的等效电阻远大于晶体管 M_2,因此延迟时间主要决定于晶体管 M_3 的放电性能。由于 V_{ref} 比较小,所以晶体管 M_3 在放电过程中一直处于饱和区,即 M_3 构成压控电流源的电流 I_{ctrl} 基本保持不变。因此可得 $t_d = C \cdot V_{sw}/I_{ctrl}$,$V_{sw} = V_{DD}/2$,显然随着电源电压的增大,延迟时间 t_d 也增大,与图示相符合;

② 当 V_{ref} 比较大时,晶体管 M_3 的等效电阻与晶体管 M_2 的相当,故 t_d 主要取决两个等效电阻之和;

③ 当 V_{ref} 很大时,M_2 管的等效电阻远大于 M_3 管,因此电流饥饿型反相器就可以简化为普通反向器,于是当电源电压减小时,延迟时间 t_d 反而增大。

因此,必然存在一个拐点参考电压,当 V_{ref} 等于拐点参考电压时,电流饥饿型延迟单元的延迟时间 t_d 在电源电压变化时基本保持不变;而通过图 2-4 可知,当 $V_{ref} = 0.7\,V$ 时,延迟时间 t_d 随着电源电压的变化保持不变。

根据上述分析,综合考虑可以得到电流饥饿型延迟单元的延迟时间计算公式如 (2-10) 所示。

$$t_d = \alpha_1 \frac{C}{I_{ctrl}} V_{sw} + \alpha_2 \frac{1}{\mu_n C_{ox} \frac{W_2}{L_2}(V_{DD} - V_{Tn})} C \ln 2 + \delta t \qquad (2\text{-}10)$$

其中,C 表示节点 OUTb 的等效电容;I_{ctrl} 表示压控电流源的电流,$I_{ctrl} = \frac{1}{2}\mu_n C_{ox}\frac{W_3}{L_3}(V_{ref}-V_{Tn})^2$;$V_{sw}$ 表示电压阈值,当节点 OUTb 的电压为 V_{sw} 时,整形反相器的输出节点 OUT 的状态完成即时转变,这里 $V_{sw}=V_{DD}/2$。α_1 和 α_2 为比例系数,同时 δt 表示整形方向器的整形延迟时间,由于 δt 是非常短的延迟时间,换句话说,它只是延迟时间 t_d 中很小的组成部分,因此可以忽略。显然通过公式(2-10)可知延迟时间 t_d 同电源电压和温度都具有直接关系,也就是说电流饥饿型延迟单元对电源电压和温度的变化很敏感。为了改善电流饥饿型延迟单元相对于电源电压和温度变化的稳定性,我们采用通过量化计算电流饥饿型延迟单元的延时特性,利用量化特性对温度和电源电压求导获取相关设计量最优值的增强电流饥饿型延迟单元稳定性的设计方法。通过公式(2-11)和公式(2-12)联合可以计算得到最优的偏置电压 $V_{ref,opt}$ 和晶体管 M_3 的最优的宽长比 $(W_3/L_3)_{opt}$,当选择 $V_{ref,opt}$ 作为压控电流源的控制电压,$(W_3/L_3)_{opt}$ 作为晶体管 M_3 的尺寸时,电流饥饿型延迟单元的延迟时间就对电源电压和温度的变化不再敏感。

$$\frac{\partial t_d}{\partial \text{temp}}\bigg|_{V_{ref}=V_{ref,opt},\, W_3/L_3=(W_3/L_3)_{opt}} = 0 \qquad (2\text{-}11)$$

$$\frac{\partial t_d}{\partial V_{DD}}\bigg|_{V_{ref}=V_{ref,opt},\, W_3/L_3=(W_3/L_3)_{opt}} = 0 \qquad (2\text{-}12)$$

其中,temp 表示电路工作时的温度;V_{DD} 表示电路工作时的电源电压;$V_{ref,opt}$ 表示最优的偏置电压值;$(W_3/L_3)_{opt}$ 表示晶体管 M_3 的最优宽长比。

2. 晶闸管型延迟单元

(1)电路结构和工作原理

相对于已有的晶闸管型延迟单元(Thyristor Delay Element)[106-114],本小节提出的晶闸管型延迟单元[115]电路结构如图 2-5 所示,其中包括一个 CMOS 晶闸管、一个 MOS 开关,一个整形反相器和一个压控电流源。MOS 开关 M_{15} 用于控制延迟单元的工作状态,当 Sel 为 0 时,晶闸管延迟单元正常工作,反之不工作。整形反相器用于对输出延迟信号进行整形。压控电流源根据偏置电压 V_{ref} 产生对应的控制电流 I_{ctrl}。

当输入 CLK 产生一个上跳沿时,控制信号 P_{enable} 变为高电平,NMOS 晶体管 M_4 开启,PMOS 晶体管 M_8 关断,Q_b 通过 NMOS 晶体管 M_4 对 NMOS 晶体管 M_6 的漏极进行预充电,同时控制信号 N_{enable} 变为低电平,PMOS 晶体管 M_5 开启,NMOS 晶体管 M_9 关断,Q 通过 PMOS 晶体管 M_5 对 PMOS 晶体管 M_3 的漏极进行预放电,经过时间 T,信号 IN 出现一个上跳沿,NMOS 晶体管 M_1 开启,PMOS 晶体管 M_{12} 关断,Q_b 开始通过压控电流源 NMOS 晶体管 M_2 放电,而 Q 保持不变,经过时间 T_1,Q_b 与电源之间的电压差等于 PMOS 晶体管 M_3 的阈值电压,此时 PMOS 晶体管 M_3 导通,并通过 PMOS 晶体管 M_5 对 Q 充电,同时 Q_b 继续通过压控电流源 NMOS 晶体管 M_2 放电,经过时间 T_2,Q 点电压等于 NMOS 晶体管 M_6 的阈值电压,此时 NMOS 晶体管 M_6 导通,然后由于 PMOS 晶体管 M_3、NMOS 晶体管 M_4、PMOS 晶体管 M_5 和 NMOS 晶体管 M_6 同时导通,形成正反馈,使得 Q 点电压很快充到 V_{DD},Q_b 点电压很快放电到 0,即 Q 完成从 0 到 V_{DD} 的跳变,Q_b 完成从 V_{DD} 到 0 的跳变,OUT 完成从 0 到 V_{DD} 的跳变。

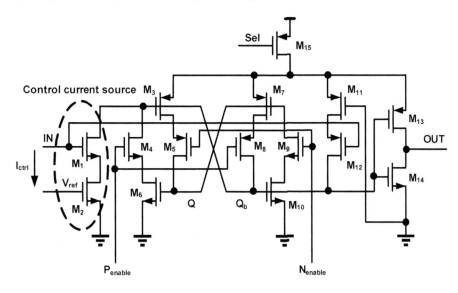

图 2-5　晶闸管型延迟单元结构

当输入 CLK 产生一个下跳沿时,控制信号 P_{enable} 变为低电平,NMOS 晶体管 M_4 关断,PMOS 晶体管 M_8 开启,Q_b 通过 PMOS 晶体管 M_8 对 PMOS 晶体管 M_7 的漏极进行预放电,同时控制信号 N_{enable} 变为高电平,PMOS 晶体管 M_5 关断,NMOS 晶体管 M_9 导通,Q 通过 NMOS 晶体管 M_9 对 NMOS 晶体管 M_{10} 的漏极进行预充电,经过时间 T,信号 IN 出现一个下跳沿,NMOS 晶体管 M_1 关断,PMOS 晶体管 M_{12} 开启,电源通过 PMOS 管 M_{11} 与 PMOS 管 M_{12} 对 Q_b 开始充电,而 Q 保持不变,经过时间 T_3,Q_b 点电压等于 NMOS 晶体管 M_{10} 的阈值电压,此时 NMOS 晶体管 M_{10} 导通,并通过 NMOS 晶体管 M_9 对 Q 放电,同时 Q_b 继续被电源通过 PMOS 管 M_{11} 与 PMOS 管 M_{12} 进行充电,经过时间 T_4,Q 点与电源之间的电压差等于 PMOS 晶体管 M_7 的阈值电压,此时 PMOS 晶体管 M_7 导通,然后由于 PMOS 晶体管 M_7、NMOS 晶体管 M_9、PMOS 晶体管 M_8 和 NMOS 晶体管 M_{10} 同时导通,形成正反馈,使得 Q_b 点电压很快充到 V_{DD},Q 点电压很快放电到 0,即 Q_b 完成从 0 到 V_{DD} 的跳变,Q 完成从 V_{DD} 到 0 的跳变,OUT 完成从 V_{DD} 到 0 的跳变。

（2）电源电压和温度特性分析

通过对晶闸管型延迟单元结构分析,可以得到其延迟时间的计算公式如下:

$$t_{\mathrm{d}} = \frac{C_{\mathrm{b}} V_{\mathrm{Tn}}}{I_{\mathrm{ctrl}}} + \sqrt[3]{\frac{6 C_{\mathrm{a}} C_{\mathrm{b}}^2}{K_1 I_{\mathrm{ctrl}}^2} V_{\mathrm{Tp}}} + \delta t \qquad (2\text{-}13)$$

其中,C_{a} 和 C_{b} 分别表示节点 Q 和 Q_{b} 的等效电容;I_{ctrl} 表示压控电流源的电流;δt 表示 CMOS 晶闸管重新达到稳态的时间。在延迟单元工作时,当正反馈机制建立后,Q_{b} 通过时间 δt 快速放电到 0。显然 δt 是非常短的跳变时间,换句话说,它只是延迟时间 t_{d} 中很小的组成部分,因此可以忽略。同时通过公式(2-13)的易知延迟时间同电源电压的变化没有关系,也就是说晶闸管型延迟单元对电源电压的变化不敏感。相反其延迟时间同温度之间通过参数 I_{ctrl}、K_1 和 V_{T} 等有直接关系,温度变化后,参数 I_{ctrl}、K_1 和 V_{T} 等取值变化,于是延迟时间 t_{d} 也随之变化。为了改善晶闸管型延迟单元相对于温度变化的稳定性,我们采用通过量化计算晶闸管型延迟单元的延时特性,利用量化特性对温度求导获取相关设计量最优值的增强晶闸管型延迟单元稳定性的设计方法。通过公式(2-14)我们计算得到最优的偏置电压 $V_{\mathrm{ref,opt}}$,当选择 $V_{\mathrm{ref,opt}}$ 作为压控电流源的控制电压时,晶闸管型延迟单元的延迟时间就对温度的变化不再敏感。

$$\frac{\partial t_{\mathrm{d}}}{\partial \mathrm{temp}} \Big|_{V_{\mathrm{ref}} = V_{\mathrm{ref,opt}}} = 0 \qquad (2\text{-}14)$$

其中,temp 表示电路工作时的温度;$V_{\mathrm{ref,opt}}$ 是指最优的偏置电压值。

2.3.2 分压型 PUF 单元

1. 电阻-二极管型分压单元

（1）电路结构和工作原理

电阻-二极管型分压单元(R-Diode Voltage-dividing Element)[116] 电路结构如图 2-6 所示,其中包括一个分压电阻、一个 MOS 开关和一个 NMOS 型二极管。MOS 开关 M_1 用于控制分压单元的工作状态,当 En 为 0 时,电阻-二极管型分压单元正常工作,反之不工作。

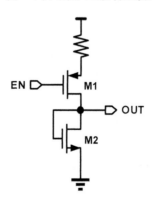

图 2-6 电阻-二极管型分压单元结构

当电阻-二极管型分压单元正常工作时,由于 MOS 开关尺寸很大,于是其等效电阻接近于 0,所以分压单元可以简化为电阻和二极管的串联,于是输出偏压取决于分压电阻和二极管的等效电阻的比例大小。

（2）电源电压和温度特性分析

通过对电阻-二极管型分压单元结构分析，可以建立如下方程：

$$V_{DD} - \frac{1}{2}\mu_n C_{ox} \frac{W_2}{L_2} R (V_O - V_{Tn})^2 = V_O \tag{2-15}$$

通过求解可以得到输出偏压的计算公式如下：

$$V_O = \sqrt{\frac{V_{DD} - V_{Tn}}{\frac{1}{2}\mu_n C_{ox} \frac{W_2}{L_2} R} + \frac{1}{(\mu_n C_{ox} \frac{W_2}{L_2} R)^2}} - \frac{1}{\mu_n C_{ox} \frac{W_2}{L_2} R} + V_{Tn}$$

$$\approx \sqrt{\frac{V_{DD} - V_{Tn}}{\frac{1}{2}\mu_n C_{ox} \frac{W_2}{L_2} R}} + V_{Tn} \tag{2-16}$$

其中，R 表示分压电阻的阻值；μ_n 表示 NMOS 晶体管载流子的迁移率；C_{ox} 表示单位面积的栅电容；W_2/L_2 表示晶体管 M_2 的宽长比；V_{Tn} 表示 NMOS 晶体管的阈值电压；V_{DD} 为电源电压。通过公式（2-16）的易知输出分压 V_O 同电源电压和温度直接关系，也就是说电阻-二极管型分压单元对电源电压和温度的变化很敏感。为了改善电阻-二极管型分压单元相对于电源电压和温度变化的稳定性，我们采用通过量化计算电阻-二极管型分压单元的分压特性，利用量化特性对温度和电源电压求导获取相关设计量最优值的增强电阻-二极管型分压单元稳定性的设计方法。通过公式（2-17）和公式（2-18）联合可以计算得到最优的电阻 R 和晶体管 M_2 的最优的宽长比 $(W_2/L_2)_{opt}$，当选择 R_{opt} 作为电阻的阻值，$(W_2/L_2)_{opt}$ 作为晶体管 M_2 的尺寸时，电阻-二极管型分压单元的分压就对电源电压和温度的变化不再敏感。

$$\frac{\partial V_O}{\partial \text{temp}} \Big|_{R=R_{opt}, W_2/L_2=(W_2/L_2)_{opt}} = 0 \tag{2-17}$$

$$\frac{\partial V_O}{\partial V_{DD}} \Big|_{R=R_{opt}, W_2/L_2=(W_2/L_2)_{opt}} = 0 \tag{2-18}$$

其中，temp 表示电路工作时的温度；V_{DD} 是指电路工作时的电源电压；R_{opt} 是指最优的电阻值；$(W_2/L_2)_{opt}$ 是指晶体管 M_2 的最优宽长比。

2. 纯电阻桥式网络型分压单元

（1）电路结构和工作原理

纯电阻桥式网络型分压单元（R-Bridge Voltage-dividing Element）电路结构如图 2-7 所示，其中包括五个分压电阻和一个 MOS 开关。MOS 开关 M_1 用于控制分压单元的工作状态，当 En 为 0 时，纯电阻桥式网络型分压单元正常工作，反之不工作。

当纯电阻桥式网络型分压单元正常工作时，由于 MOS 开关尺寸很大，于是其等效电阻接近于 0，所以分压单元可以简化为 5 个电阻构成的桥式网络，于是输出偏压取决于桥式网络内电阻的分配。

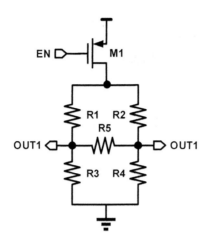

图 2-7　纯电阻桥式网络型分压单元结构

（2）电源电压和温度特性分析

通过对纯电阻桥式网络型分压单元结构分析，可以得到输出偏压的计算公式如下：

$$V_{O1} = \frac{\dfrac{R_4}{R_1} + \dfrac{R_4}{R_2} + \left(1 + \dfrac{R_4}{R_2}\right)\dfrac{R_5}{R_1}}{\dfrac{R_4}{R_1} + \dfrac{R_4}{R_3} + \left(1 + \dfrac{R_4}{R_2}\right)\left(1 + \dfrac{R_5}{R_1} + \dfrac{R_5}{R_3}\right)} V_{DD} \tag{2-19}$$

$$V_{O2} = \left[\left(1 + \dfrac{R_5}{R_1} + \dfrac{R_5}{R_3}\right) \frac{\dfrac{R_4}{R_1} + \dfrac{R_4}{R_2} + \left(1 + \dfrac{R_4}{R_2}\right)\dfrac{R_5}{R_1}}{\dfrac{R_4}{R_1} + \dfrac{R_4}{R_3} + \left(1 + \dfrac{R_4}{R_2}\right)\left(1 + \dfrac{R_5}{R_1} + \dfrac{R_5}{R_3}\right)} - \dfrac{R_5}{R_1}\right] V_{DD} \tag{2-20}$$

其中，R_1、R_2、R_3、R_4 和 R_5 分别表示桥式网络中分压电阻的阻值；V_{DD} 为电源电压。通过公式（2-19）易知输出分压 V_{O1} 同电源电压具有直接关系，而由于 CMOS 工艺下电阻 R 的计算公式为 $R_{square} \cdot L/W \cdot [1 + \alpha_1(T - T_o) + \alpha_2(T - T_o)^2]$，其中 α_1 和 α_2 是温度系数，T 为实际温度，T_o 为室温，所以当温度变化时，R_a/R_b 的比例基本保持不变。因此当工作温度变化时，输出分压 V_{O1} 保持基本不变。输出分压 V_{O2} 的计算公式如公式（2-20）所示，显然 V_{O2} 同电源电压具有直接关系，同理当工作温度变化时，输出分压 V_{O2} 保持基本不变。也就是说纯电阻桥式网络型分压单元对温度的变化不敏感，而对电源电压的变化敏感。但是 PUF 是根据相同单元由于工艺偏差导致的偏压差 $V_{O1} - V_{O2}$ 产生 ID 的，所以即使电源电压变化，偏压差 $V_{O1} - V_{O2}$ 的正负是不会变化的。因此同电阻-二极管型分压单元相比，纯电阻桥式网络型分压单元的输出分压相对于温度和电源电压变化稳定性更强。

2.4　PUF 单元工艺敏感性和稳定性仿真分析

本节在 $0.18\,\mu m$ CMOS 工艺下对各种不同类型的 PUF 单元进行仿真，分析比较四种新型的 PUF 单元的工艺敏感性和稳定性。

2.4.1 延迟型 PUF 单元

在 $0.18\mu m$ CMOS 工艺下,分别设计普通反相器链型延迟单元(Inverter Chain Delay Element),双堆叠型延迟单元(Double Stacked Delay Elemnt),电流饥饿型延迟单元(Current Starved Delay Element)和晶闸管型延迟单元(Thyristor Delay Element)。当电源电压为 1.8V 和工作温度为 30 ℃时,各种延迟单元的延迟时间均约等于 22.4 ns。普通反相器链型延迟单元和双堆叠型延迟单元的电路结构如图 2-8(a)和(b)所示。

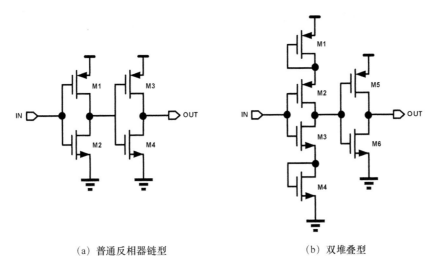

(a) 普通反相器链型　　　　　　　　(b) 双堆叠型

图 2-8　延迟单元结构

1. 工艺敏感性比较

在电源电压 1.8 V 和工作温度 30 ℃条件下,考虑工艺失配偏差,对每种延迟单元的进行 Monte Carlo 分析,统计延迟时间随工艺变化的偏差特性。表 2-1 总结比较了不同延迟单元相对于工艺变化的延迟时间的统计方差。由表 2-1 分析可知:

(1)普通反相器链型延迟单元和双堆叠型延迟单元的延迟时间随工艺变化而变化的统计方差都较小,其中普通反相器链型延迟单元的延迟时间相对于工艺变化的统计方差最小,约为 1.2643;

(2)电流饥饿型延迟单元和晶闸管型延迟单元的延迟时间随工艺变化而变化的统计方差都比较大,其中晶闸管型延迟单元的延迟时间相对于工艺变化的统计方差最大,为 12.596 4,约为普通反相器链型延迟单元的延迟时间相对于工艺变化的统计方差的 10 倍;

(3)显然同普通反相器链型延迟单元和双堆叠型延迟单元相比,电流饥饿型延迟单元和晶闸管型延迟单元对工艺的变化很敏感。因此采用这两种单元设计的 PUF 将具备很好的唯一性。

表 2-1 不同延迟单元相对于工艺变化的延迟时间的统计方差

单元	反相器链型	双堆叠型	电流饥饿型	晶闸管型
标准方差	1.264 3	2.814 5	10.735 8	12.596 4

2. 稳定性比较

在温度为 30 ℃、电源电压从 1.5 V 到 2.1 V 的变化范围内,对各种延迟单元进行模拟仿真。延迟单元的延迟时间相对于电源电压变化的稳定性如图 2-9 所示,其中 X 轴表示电源电压变化,Y 轴表示延迟时间相对于在温度为 30 ℃、电源电压为 1.8 V 条件下标准延迟时间变化的百分比。通过对图 2-9 的分析可知:

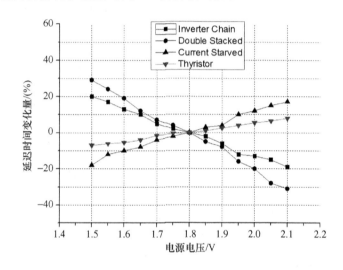

图 2-9 不同延迟单元的延迟时间相对于电源电压变化的稳定性

(1) 当电源电压变化(增大或者减小)时,普通反相器链型延迟单元、双堆叠型延迟单元、电流饥饿型延迟单元和晶闸管型延迟单元的延迟时间均产生变化;

(2) 电流饥饿型延迟单元和晶闸管型延迟单元的延迟时间随着电源电压的增大而增大,普通反相器链型延迟单元和双堆叠型延迟单元的延迟时间随着电源电压的增大反而减小,其中双堆叠型延迟单元的延迟时间相对于电源电压变化而变化的百分比最大,在电源电压为 1.5 V 和 2.1 V 时均变化约 30%;

(3) 曲线的斜率表示延迟单元延迟时间相对于电源电压变化的稳定性,曲线斜率越小,稳定性越高,显然电流饥饿型延迟单元和晶闸管型延迟单元曲线的斜率较小,对应延迟时间相对于电源电压变化的稳定性较高。故采用这两种单元设计的 PUF 具备较高的稳定性。

在电源电压为 1.8 V,温度从 −50 ℃到 100 ℃的变化范围内,对各种延迟单元进行模拟仿真。延迟单元的延迟时间相对于温度变化的稳定性如图 2-10 所示,其中 X 轴表示温度变化,Y 轴表示延迟时间相对于在温度为 30 ℃、电源电压为 1.8 V 条件下标准延迟时间变化的百分比。通过对图 2-10 分析可知:

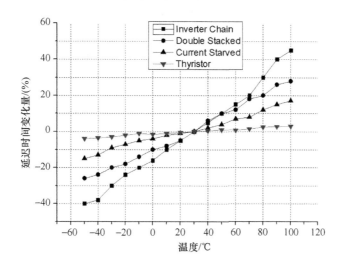

图 2-10　不同延迟单元的延迟时间相对于温度变化的稳定性

(1) 当温度变化(升高或者降低)时,普通反相器链型延迟单元、双堆叠型延迟单元、电流饥饿型延迟单元和晶闸管型延迟单元的延迟时间均产生变化;

(2) 普通反相器链型延迟单元、双堆叠型延迟单元、电流饥饿型延迟单元和晶闸管型延迟单元的延迟时间随着温度的升高而增大,其中普通反相器链型延迟单元的延迟时间相对于温度变化而变化的百分比最大,在温度为 -50 ℃时变化约为 40%,而在 100 ℃时变化约 45%;

(3) 曲线的斜率表示延迟单元延迟时间相对于温度变化的稳定性,曲线斜率越小,稳定性越高,显然电流饥饿型延迟单元和晶闸管型延迟单元曲线的斜率较小,对应延迟时间相对于温度变化的稳定性较高。故采用这两种单元设计的 PUF 具备较高的稳定性。

同时表 2-2 量化总结了不同延迟单元相对于电源电压和温度变化时延迟时间的统计方差,以及相对于温度变化时延迟时间的统计方差。由表 2-2 分析可知:

(1) 普通反相器链延迟单元和双堆叠延迟单元的延迟时间随电源电压和温度变化而变化的统计方差都较大,其中双堆叠延迟单元的延迟时间相对于电源电压变化的统计方差最大,约为 4.150 9,普通反相器链延迟单元的延迟时间相对于温度变化的统计方差最大,约为 5.753 5;

(2) 电流饥饿型延迟单元和晶闸管型延迟单元的延迟时间随电源电压和温度变化而变化的统计方差都较小,其中晶闸管型延迟单元的延迟时间相对于电源电压和温度变化的统计方差最小,电源电压变化时统计方差为 1.063 1,约为双堆叠延迟单元的延迟时间相对于电源电压变化的统计方差的 0.25 倍,温度变化时统计方差为 0.476 6,约为普通反相器链延迟单元的延迟时间相对于温度变化的统计方差的 0.08 倍;

(3)显然同普通反相器链延迟单元和双堆叠延迟单元相比,电流饥饿型延迟单元和晶闸管型延迟单元对电源电压和温度的变化不敏感。因此采用这两种单元设计的 PUF 将具备很好的稳定性。

表 2-2　不同延迟单元相对于电源电压和温度变化的延迟时间的统计方差

单元	反相器链型	双堆叠型	电流饥饿型	晶闸管型
电源电压敏感度	2.726 5	4.150 9	2.350 3	1.063 1
温度敏感度	5.753 5	3.889 3	2.062 1	0.476 6

2.4.2　分压型 PUF 单元

在 0.18μm CMOS 工艺下,分别设计二极管-二极管型分压单元(Diode-Diode Voltage-dividing Element),电阻-二极管型分压单元(R-Diode Voltage-dividing Element),电阻-电阻型分压单元(R-R Voltage-dividing Element)和纯电阻桥式网络型分压单元(R-Bridge Voltage-dividing Element)。考虑到工艺敏感性要求,电阻选用 P+ Poly 型电阻。当电源电压为 1.8V 和工作温度为 30 ℃时,各种分压单元的输出偏压均约等于 0.9 V。二极管-二极管型分压单元和电阻-电阻型分压单元的电路结构如图 2-11(a)和(b)所示。

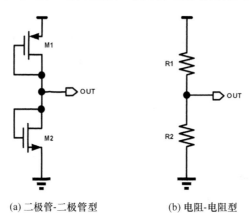

(a) 二极管-二极管型　　　　　　(b) 电阻-电阻型

图 2-11　分压单元结构

1. 工艺敏感性比较

在电源电压 1.8 V 和工作温度 30 ℃条件下,考虑工艺失配偏差,对每种分压单元的进行 Monte Carlo 分析,统计输出偏压随工艺变化的偏差特性。表 2-3 总结比较了不同分压单元相对于工艺变化的输出偏压的统计方差。由表 2-3 分析可知:

(1)二极管-二极管型分压单元和电阻-电阻型分压单元的输出偏压随工艺变化而变

化的统计方差都较小,其中二极管-二极管型分压单元的输出偏压相对于工艺变化的统计方差最小,约为 0.168 3;

(2) 电阻-二极管型分压单元和纯电阻桥式网络型分压单元的输出偏压随工艺变化而变化的统计方差都比较大,其中纯电阻桥式网络型分压单元的输出偏压相对于工艺变化的统计方差最大,为 0.612 8,约为二极管-二极管型分压单元的输出偏压相对于工艺变化的统计方差的 3.6 倍;

(3) 显然同二极管-二极管型分压单元和电阻-电阻型分压单元相比,电阻-二极管型分压单元和纯电阻桥式网络型分压单元对工艺的变化很敏感。因此采用这两种单元设计的PUF将具备很好的唯一性。

表 2-3 不同分压单元相对于工艺变化的输出偏压的统计方差

单元	二极管-二极管型	电阻-二极管型	电阻-电阻型	纯电阻桥式网络型
标准方差	0.168 3	0.426 4	0.357 0	0.612 8

2. 稳定性比较

在温度为 30 ℃、电源电压从 1.5 V 到 2.1 V 的变化范围内,对各种分压单元进行模拟仿真。输出偏压相对于电源电压变化的稳定性如图 2-12 所示,其中 X 轴表示电源电压变化,Y 轴表示输出偏压相对于在温度为 30 ℃、电源电压为 1.8 V 条件下标准输出偏压变化的百分比。通过对图 2-12 分析可知:

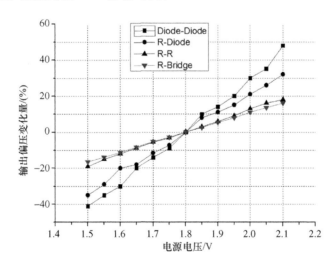

图 2-12 不同分压单元的输出偏压相对于电源电压变化的稳定性

(1) 当电源电压变化(增大或者减小)时,二极管-二极管型分压单元、电阻-二极管型分压单元、电阻-电阻型分压单元和纯电阻桥式网络型分压单元的输出偏压均产生变化;

(2) 二极管-二极管型分压单元、电阻-二极管型分压单元、电阻-电阻型分压单元和纯电阻桥式网络型分压单元的输出偏压随着电源电压的增大而增大,其中二极管-二极管型分压单元的输出偏压相对于电源电压变化而变化的百分比最大,在电源电压为1.5 V时变化约为40%,而在2.1 V时变化约50%;

(3)曲线的斜率表示分压单元输出偏压相对于电源电压变化的稳定性,曲线斜率越小,稳定性越高,显然电阻-电阻型分压单元和纯电阻桥式网络型分压单元曲线的斜率较小,对应输出偏压相对于电源电压变化的稳定性较高。故采用这两种单元设计的PUF具备较高的稳定性。

在电源电压为1.8 V,温度从−50 ℃到100 ℃的变化范围内,对各种分压单元进行模拟仿真。分压单元的输出偏压相对于温度变化的稳定性如图2-13所示,其中X轴表示温度变化,Y轴表示输出偏压相对于在温度为30 ℃、电源电压为1.8 V条件下标准输出偏压变化的百分比。通过对图2-13分析可知:

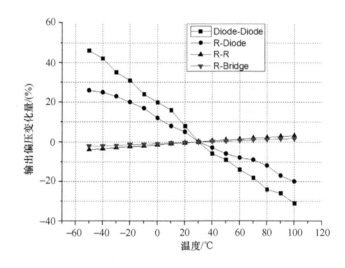

图2-13　不同分压单元的输出偏压相对于温度变化的稳定性

(1)当温度变化(升高或者降低)时,二极管-二极管型分压单元、电阻-二极管型分压单元、电阻-电阻型分压单元和纯电阻桥式网络型分压单元的输出偏压均产生变化;

(2)电阻-电阻型分压单元和纯电阻桥式网络型分压单元的输出偏压随着温度的升高而增大,二极管-二极管型分压单元、电阻-二极管型分压单元的输出偏压随着温度的升高反而减小,其中二极管-二极管型分压单元的输出偏压相对于温度变化而变化的百分比最大,在温度为−50 ℃时变化约为46%,而在100 ℃时变化约30%;

(3)曲线的斜率表示分压单元输出偏压相对于温度变化的稳定性,曲线斜率越小,稳定性越高,显然电阻-电阻型分压单元和纯电阻桥式网络型分压单元曲线的斜率较小,对应输出偏压相对于温度变化的稳定性较高。故采用这两种单元设计的PUF具备较高的稳定性。

同时表 2-4 量化总结了不同分压单元相对于电源电压和温度变化时输出偏压的统计方差,以及相对于温度变化时输出偏压的统计方差。由表 2-4 分析可知:

(1)二极管-二极管型分压单元与电阻-二极管型分压单元的输出偏压随电源电压和温度变化而变化的统计方差都较大,其中二极管-二极管型分压单元的输出偏压相对于电源电压变化的统计方差最大,约为 0.244 8,二极管-二极管型分压单元的输出偏压相对于温度变化的统计方差最大,约为 0.221 1;

(2)电阻-电阻型分压单元与纯电阻桥式网络型分压单元的输出偏压随电源电压和温度变化而变化的统计方差都较小,其中纯电阻桥式网络型分压单元的输出偏压相对于电源电压和温度变化的统计方差最小,电源电压变化时统计方差为 0.091 6,约为二极管-二 极管型分压单元的输出偏压相对于电源电压变化的统计方差的 0.37 倍,温度变化时统计方差为 0.010 9,约为二极管-二极管型分压单元的输出偏压相对于温度变化的统计方差的 0.05 倍;

(3)显然在四种分压单元中,纯电阻桥式网络型分压单元相对于电源电压和温度变化的输出偏压统计方差是最小的,即其对电源电压和温度的变化不敏感,因此采用这种单元设计的 PUF 将具备良好的稳定性。虽然同电阻-电阻型分压单元相比,电阻-二极管型分压单元相对于电源电压和温度变化的输出偏压统计方差较大,即稳定性稍差,但是其相对于工艺变化的输出偏压统计方差也是比较大的,即工艺敏感性较强。综合考虑,选择电阻-二极管型分压单元更好些。

表 2-4　不同分压单元相对于电源电压和温度变化的输出偏压的统计方差

单元	二极管-二极管型	电阻-二极管型	电阻-电阻型	纯电阻桥式网络型
电源电压敏感性	0.244 8	0.185 5	0.103 8	0.091 6
温度敏感性	0.221 1	0.133 9	0.019 7	0.010 9

2.5　本章小结

针对提高 PUF 唯一性和稳定性的目标,本章研究和设计了 4 种新型的 PUF 单元,包括电流饥饿型延迟单元、晶闸管型延迟单元、电阻-二极管型分压单元和纯电阻桥式网络型分压单元;针对 PUF 单元对工艺的敏感性,从器件的尺寸和宽长比两个方面研究对器件失配特性的影响,提出 PUF 单元设计时器件选择的方法,增强 PUF 单元的工艺敏感性;针对 PUF 单元随温度和电源电压变化的稳定性,通过分析和量化计算 PUF 单元的延迟或者分压特性,采用对温度和电源电压求导方式获得相关设计量的最优值,从而增强 PUF 单元的稳定性;本章最后通过对各种新型的 PUF 单元进行 Monte Carlo 统计分析,比较不同 PUF 单元的工艺敏感性和稳定性。实验结果表明:相对于其他延迟单元,电流饥饿型延迟单元和晶闸管型延迟单元具有更好的工艺敏感性和稳定性;相对于其他分压单元,电阻-二极管型分压单元和纯电阻桥式网络型分压单元具有更好的工艺敏感性和稳定性。

第3章　新型 PUF 电路体系结构研究

本章提出了一种新型的 PUF 电路体系结构[117]，包括工艺敏感电路、偏差放大电路和偏差比较电路三个功能模块。根据工艺敏感电路的类型，延伸出两种不同的新型 PUF 电路结构，基于延迟单元的 PUF 电路体系结构和基于分压单元的 PUF 电路体系结构。

3.1　新型 PUF 电路体系结构

相比传统 PUF 结构，本节提出一种新型的 PUF 电路体系结构，其结构图如图 3-1 所示，包含工艺敏感电路（Process Sensor）、偏差放大电路（Difference Amplifier）和偏差比较电路（Comparator）三个功能模块。在该体系结构中，将工艺敏感电路、偏差放大电路和偏差比较电路依次连接。工艺敏感电路，用于捕获工艺偏差，产生两路或者多路具有不同物理特性的信号；偏差放大电路，用于对微弱的具有不同物理特性的两路或者多路信号之间的物理特性差异进行放大；偏差比较电路，根据具有不同物理特性的两路或多路信号之间的物理特性差异依据一定规则生成 0/1 输出。

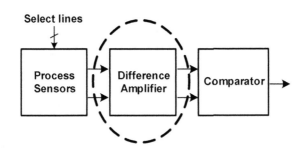

图 3-1　新型的 PUF 电路体系结构

各个模块的具体原理为：工艺敏感电路可以基于不同类型的延迟单元、分压单元等结构设计，对称设计单元在制造时由于工艺的偏差，从而导致不同的输出特性，即输出不同延时信号或者不同偏压信号，并且工艺偏差越大，不同延时信号间的延时差、不同偏压信号间的电压差也越大；偏差放大电路对工艺敏感电路输出的微弱延时差或者电压差进行放大，从而提高偏差比较的精度，改善 PUF 输出的稳定性，并且根据输入信号特性的不同，偏差放大电路的结构也不同。如果输入信号为微弱的延时差，那么偏差放大电路即为时间偏差放大电路。如果输入信号为微弱的电压差,那么偏差放大电路即为电压偏差放大电路;偏差比较电路用于对偏差放大电路输出的延时差或者电压差进行比较,产生 0/1 输出,根据输入信号特性的不同,偏差比较电路的结构也不同。如果输入信号为延时差,那么偏差比较电路可为 D 触发器或者 SR 触发器。如果输入信号为电压差,那么偏差比较电路即为电压偏差比较电路。

本体系结构创新点在于:通过增加偏差放大电路(Difference Amplifier,DA)来增强整个 PUF 的稳定性。具体原因:

(1) 如果偏差放大电路没有被引入,那么工艺敏感电路产生的具有微弱物理特性偏差的信号就直接被接入偏差比较电路。当环境条件变化时,这种微弱的物理特性偏差可能变得小于偏差比较电路的比较精度,从而使得比较电路的输出翻转或者不可预测。通过引入偏差比较电路对微弱的物理特性偏差进行放大,使得无论环境条件如何变化,其偏差都大于偏差比较电路的比较精度,从而使得比较电路的输出稳定。

(2) 由于工艺敏感电路产生的物理特性偏差信号非常微弱,所以很容易被电路本身和环境中的噪声淹没,从而导致偏差比较电路产生误判,因此通过引入偏差放大电路对微弱的物理偏差进行放大,提高信号的信噪比,使得比较电路产生正确的比较判断。

总之,通过引入偏差放大电路,放大微弱的物理特性偏差,减小其对偏差比较电路的比较精度和各种噪声的敏感性,从而使得比较电路能够产生稳定的输出,即提高了整个 PUF 的稳定性。

由于该结构是一种通用的体系结构,所以根据工艺敏感电路的不同可以延伸出两大类 PUF 结构,一是基于各种不同类型延迟单元的 PUF 电路体系结构;二是基于不同类型分压单元的 PUF 电路体系结构。

3.2　基于延迟单元的 PUF 电路体系结构

基于延迟单元的 PUF 电路体系结构如图 3-2 所示,包括基于延迟单元的工艺敏感电路(Delay Element-based Sensor)、时间偏差放大电路(Time Difference Amplifier)和时间偏差比较电路(Time Difference Comparator)三个部分。一组选择线信号被定义为 PUF 的一个激励(challenge),而输出的一位 0/1 比特信号被定义为 PUF 的一个响应(response)。因此一个 CRP(challenge/response pair)就包括一组选择线信号和一位 ID 输出 0/1 比特。其中工艺敏感电路可以基于电流饥饿型和晶闸管型等不同类型的延迟单元设计。N 个工艺敏感电路在片上对称设计实现,在制造时由于工艺的偏差,每一个工艺敏感电路能够产生两路具有微弱延时差的延迟信号,并且工艺偏差越大,两路延迟信号间的延时差也越大。根据选择线(Select line)的控制逻辑,在不同时刻不同的工艺敏感电路轮流被选择工作;时间偏差放大电路用于对工艺敏感电路输出的微弱延时差进行放大,从而减小延时差对后级时间比较电路比较精度的敏感性,改善 PUF 输出的稳定性;时间偏差比较电路用于对时间偏差放大器输出的延时差进行比较,产生稳定的 0/1 输出。

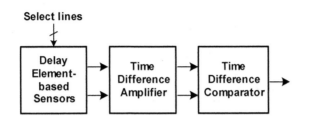

图 3-2　基于延迟单元的 PUF 电路体系结构

3.2.1　基于延迟单元的工艺敏感电路

1. 基于电流饥饿型延迟单元的工艺敏感电路

基于电流饥饿型延迟单元的工艺敏感电路(CSDE-based Sensor)用来捕获制造工艺的偏差,因此每一个工艺敏感电路可以产生两路具有微弱延时差的延迟信号,然后进行比较生成一位 ID 比特。图 3-3 展示了基于电流饥饿型延迟单元工艺敏感电路的组成结构,其中主要包括两个电流饥饿型延迟单元 T1 和 T2。输入时钟信号 CLK 用来作为两个对称的电流饥饿型延迟单元 T1 和 T2 的输入,电压 V_{ref} 被选择为延迟单元提供稳定的偏置电压输入,从而产生稳定的工作电流。由于制造工艺的偏差,两个一致的电流饥饿型延迟单元分别生成轻微不同的延迟输出 O1 和 O2。另外多个一致的基于电流饥饿型延迟单元的工艺敏感电路按照图 3-4 所示方式进行互连,多个工艺敏感电路的输出 O1 与 O2 分别连接在一起。根据选择线(Select line)的选择逻辑状态,在不同的时刻,不同的基于电流饥饿型延迟单元的工艺敏感电路被选择轮流工作。基于电流饥饿型延迟单元的工艺敏感电路版图布局如图 3-5 所示。

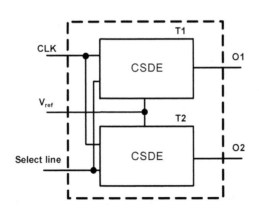

图 3-3　基于电流饥饿型延迟单元的工艺敏感电路结构

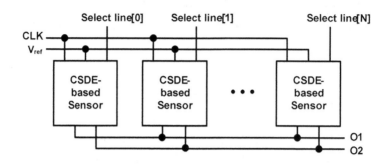

图 3-4　多个一致的基于电流饥饿型延迟单元的工艺敏感电路互连图

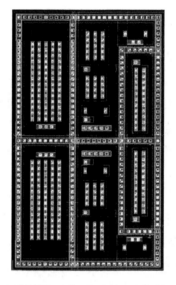

图 3-5　基于电流饥饿型延迟单元的工艺敏感电路版图布局

2. 基于晶闸管型延迟单元的工艺敏感电路

基于晶闸管型延迟单元的工艺敏感电路(Thyristor-based Sensor)是整个 PUF 的核心部件,通过对工艺偏差的捕获,每一个工艺敏感电路被用来产生两路具有微弱延时差的延迟信号,然后进行比较生成一位 ID 比特。图 3-6 展示了基于晶闸管型延迟单元工艺敏感电路的组成结构,其中包括一个反相器 INV1,一个传输门 TG1,一个普通的延迟单元 D1 和两个晶闸管型延迟单元 T1 和 T2。输入时钟信号 CLK 分别经过反相器 INV1和传输门 TG1 生成两路极性相反的使能信号 P_{enable} 和 N_{enable},它们被用来控制晶闸管延迟单元的时序。同时经过延迟单元 D1 后的信号 IN 用来作为两个对称的晶闸管型延迟单元 T1 和 T2 的输入,电压 V_{ref} 被选择为延迟单元提供稳定的偏置电压输入,从而产生稳定的工作电流。由于制造工艺的偏差,两个一致的晶闸管型延迟单元分别生成轻微不同的延迟输出 O1 和 O2。另外多个一致的基于晶闸管型延迟单元的工艺敏感电路按照图 3-7 所示方式进行互连,多个工艺敏感电路的输出 O1 与 O2 分别连接在一起。根据选择线(Select line)的选择逻辑状态,在不同的时刻,不同的基于晶闸管型延迟单元的工艺敏感电路被选择轮流工作。基于晶闸管型延迟单元的工艺敏感电路的版图布局如图 3-8 所示。

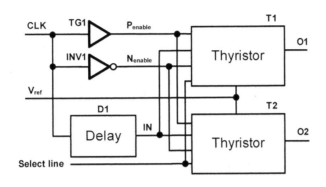

图 3-6 基于晶闸管型延迟单元的工艺敏感电路结构

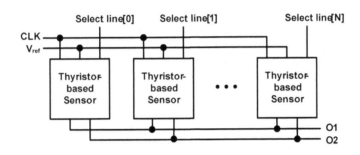

图 3-7 多个一致的基于晶闸管型延迟单元的工艺敏感电路互连图

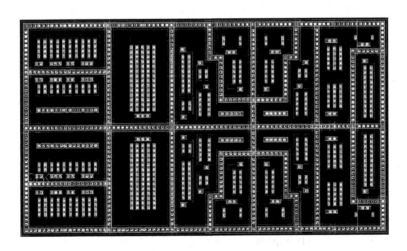

图 3-8 基于晶闸管型延迟单元的工艺敏感电路版图布局

3.2.2　时间偏差放大电路

时间偏差放大电路(Time Difference Amplifier,TDA)被设计具有足够大的增益,用来放大基于延迟单元的工艺敏感电路输出的微弱延时差,以便于其输出延迟信号能够轻松地驱动 D 触发器或者数字锁存器判决生成一位 ID 比特。由于引入时间偏差放大电路,微弱的延时差被放大,降低了其对时间偏差比较器的比较精度和各种噪声的敏感性,所以使得时间比较器能够产生稳定的输出,即提高了整个 PUF 的稳定性。

在理想的无噪声条件下,即使输入再小的延时差,时间偏差放大电路也能够正确地将它放大。但是实际中,由于时间偏差放大器组成器件本身存在多种多样的噪声变化,所以直接导致它输入具有不对称性,也就是说它能够进行准确放大的输入延时差信号需要满足一定的范围要求,当延时差小于下限阈值时,时间偏差放大器是无法进行正确的放大的,尤其是容易出现极性的翻转。出现这种输入偏差的原因主要在于内部器件存在系统性和随机性噪声变化。系统性噪声变化主要指版图布局时,相同单元布局不对称或者距离较远,从而在制造时工艺偏差导致相同单元特性表现不一致,产生不一样的输出。通过将各种相同的或者匹配的单元在版图设计时进行对称性布局,这种系统性噪声就可以被减小。随机性噪声变化主要是指在工艺制造过程中出现的各种工艺参数的随机性偏差,如沟道区掺杂剂的位置和数量的随机波动,多晶硅栅线粗糙度的偏差,等等。这种随机性噪声变化可以通过采用大尺寸器件的方式减小。因此在设计时间偏差放大电路时,我们需要采用大尺寸器件,并且注意匹配单元的对称性布局,从而减小系统性和随机性噪声变化,降低输入偏差。

相对于已有设计[118-128],本小节实现了一种新型的时间偏差放大电路,电路结构简单、面积和功耗开销小,同时可保证很大的时间偏差增益。它是基于交叉耦合式电流饥饿型反相器的一种对称性结构,如图 3-9 所示。两级电流饥饿型反相器单元完全对称,并且通过输出相互耦合控制延迟时间,实现时间差的放大。第一整形反相器 INV1 和第二整形反相器 INV2 分别对两级相互耦合的电流饥饿型反相器单元的输出进行整形。

这种新型的时间偏差放大电路具体工作原理为:当输入 IN1 先于输入 IN2 出现一个上跳沿时,首先 PMOS 晶体管 M_1 关断,NMOS 晶体管 M_2 开启,第一级电流饥饿型反相器的输出 Q1 开始通过 NMOS 晶体管 M_3 和 NMOS 晶体管 M_4 放电,接着 NMOS 晶体管 M_5 先于 NMOS 晶体管 M_4 关断,当输入 IN2 出现上跳沿时,由于第二级电流饥饿型反相器中的 NMOS 晶体管 M_5 关断,放电通路电流减小,放电过程变缓,所以第二级电流饥饿型反相器的延迟时间相对第一级电流饥饿型反相器的延迟时间变大,从而实现时间差的放大;

当输入 IN2 先于输入 IN1 出现一个上跳沿时,首先 PMOS 晶体管 M_6 关断,NMOS 晶体管 M_7 开启,第一级电流饥饿型反相器的输出 Q2 开始通过 NMOS 晶体管 M_5 和

NMOS 晶体管 M_8 放电,接着 NMOS 晶体管 M_4 先于 NMOS 晶体管 M_5 关断,当输入 IN1 出现上跳沿时,由于第一级电流饥饿型反相器中的 NMOS 晶体管 M_4 关断,放电通路电流减小,放电过程变缓,所以第一级电流饥饿型反相器的延迟时间相对第二级电流饥饿型反相器的延迟时间变大,从而实现时间差的放大。

另外不同于延迟单元的设计,时间偏差放大电路在设计时需要采用大尺寸的器件和对称性版图布局。通过在 $0.18\mu m$ CMOS 工艺下仿真测试可得,该时间偏差放大电路正常工作时,具有 62dB 的增益和 $86\mu W$ 的功耗。TDA 电路版图布局如图 3-10 所示。

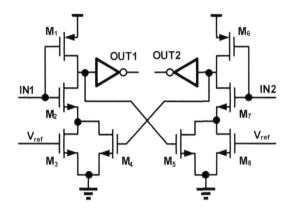

图 3-9 时间偏差放大电路

图 3-10 时间偏差放大电路版图布局

3.2.3　时间偏差比较电路

时间偏差比较电路(Time Difference Comparator)本质上就是一个判决器,用来判定两路延迟信号上升沿到达时间的快慢,相应生成判决信号 0/1。传统的判决器结构为 D 触发器,其正常工作时需要满足建立时间的时序要求,也就是说其输入信号 CK 和 D 之间的延时差存在约 20～30ps 的输入偏差。如图 3-11 所示为一种新型的基于 SR 锁存器的判决器,它本身具有交叉耦合的对称性结构,使得该判决器具有小于 2ps 的输入偏差,也可以认为该判决器的比较精度为 2ps。如同时间偏差放大电路一样,时间偏差比较电路也应该采用大尺寸的器件和对称性的版图布局以减小系统性和随机性噪声的影响,提高比较精度,产生稳定的输出。基于 SR 锁存器的判决器版图布局如图 3-12 所示。

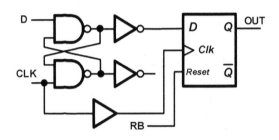

图 3-11　基于 SR 触发器结构的时间偏差比较电路

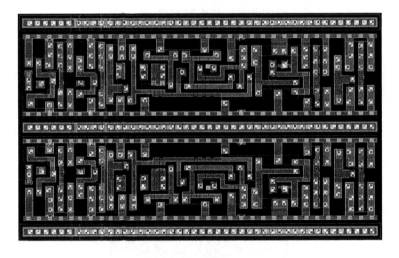

图 3-12　基于 SR 触发器结构的时间偏差比较电路版图布局

3.3　基于分压单元的 PUF 电路体系结构

基于分压单元的 PUF 电路体系结构如图 3-13 所示,包括基于分压单元的工艺敏感电路(Voltage-dividing Element-based Sensor)、模拟 $N \times 1$ 数据选择器(Analog N×1 MUX)、电压偏差放大电路(Voltage Difference Amplifier)和电压偏差比较电路(Voltage Difference Comparator)四个部分。一组选择线信号被定义为 PUF 的一个激励(challerge),而输出的一位 0/1 比特信号被定义为 PUF 的一个响应(response)。因此一个 CRP (challenge/response pair)就包括一组选择线信号和一位 ID 输出 0/1 比特。其中工艺敏感电路可以基于电阻-二极管型和纯电阻桥式网络型等不同类型的分压单元设计。$2N$ 个工艺敏感电路在片上对称设计实现,在制造时由于工艺的偏差,每一个工艺敏感电路能够产生轻微不同的偏置电压值,并且工艺偏差越大,不同偏置电压之间的电压差也越大;根据选择线(Select line)的控制逻辑状态,两个 $N \times 1$ 模拟数据选择器被用来从 $2N$ 个不同的偏置电压中选择两个输出;电压偏差放大电路用于对两个选择的偏置电压之间的微弱电压差进行放大,从而减小电压差对后级电压比较电路比较精度的敏感性,改善 PUF 输出的稳定性;电压偏差比较电路用于对电压偏差放大电路输出的电压差进行比较,产生稳定的 0/1 输出。

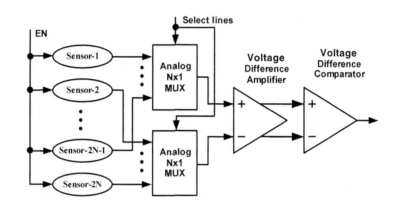

图 3-13　基于分压单元的 PUF 电路体系结构

3.3.1　基于分压单元的工艺敏感电路

基于分压单元的工艺敏感电路是整个 PUF 的核心部件,通过对工艺偏差的捕获,每一个工艺敏感电路被用来产生微弱不同的偏置电压值,然后选择比较生成一位 ID 比特。一个工艺敏感电路可以直接由一个电阻-二极管型分压单元构成,即基于电阻-二极管型分压单元的工艺敏感电路(R-Diode-based Sensor),也可以由一个纯电阻桥式网络分压单元构成,即基于纯电阻桥式网络分压单元的工艺敏感电路(R-Bridge-based Sensor)。基于纯电阻桥式网络分压单元的工艺敏感电路的版图布局如图 3-14 所示。

另外,一个模拟 $2×1$ 数据选择器由两个传输门和一个反相器组成。相比于数字 $2×1$ 数据选择器而言,模拟 $2×1$ 数据选择器面积更小,功耗更低。类似于构建数字 $N×1$ 数据选择器,一个模拟 $N×1$ 数据选择器也可以由一组模拟 $2×1$ 数据选择器采用树状结构实现[65]。

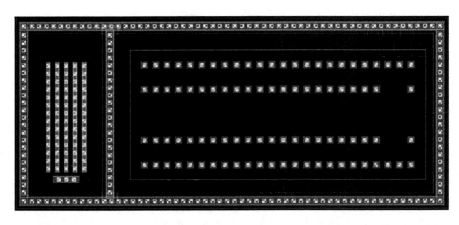

图 3-14　基于纯电阻桥式网络分压单元的工艺敏感电路版图布局

3.3.2　高增益电压偏差放大电路

电压偏差放大电路(Voltage Difference Amplifier,VDA)被设计具有足够大的增益,用来放大基于分压单元的工艺敏感电路输出的不同偏置电压之间的微弱电压差,以便于其输出电压信号能够通过电压比较器准确地判决生成一位 ID 比特。由于引入电压偏差放大电路,工艺敏感电路输出的微弱的电压差被放大,降低了其对后级电压偏差比较电路的比较精度和各种噪声的敏感性,所以使得电压偏差比较电路能够产生稳定的输出,即提高了整个 PUF 的稳定性。

同时间偏差放大电路一样,在理想的无噪声条件下,即使输入再小的电压差,电压偏差放大电路也能够正确地将它放大。但是实际中,由于电压偏差放大电路组成器件本身存在多种多样的噪声变化,所以直接导致它的输入具有不对称性,也就是说它能够进行准确放大的输入电压差信号需要满足一定的范围要求,当电压差小于下限阈值时,电压偏差放大电路是无法进行正确地放大的,尤其是容易出现极性的翻转。存在输入偏差的原因也主要在于内部器件存在系统性和随机性噪声变化。两种噪声的定义和消除方法可参见时间偏差放大器部分的分析。因此在设计电压偏差放大电路时,我们同样需要采用大尺寸器件,并且注意匹配单元的对称性布局,从而减小系统性和随机性噪声变化,降低输入偏差。

图 3-15 展示了一种高增益的电压偏差放大电路的电路实现。它是一个对称的两级差分电压放大器。通过负反馈机制,电压偏差放大器的输出共模电压被钳制到 0.9 V,这样可以极大地改善后级电压比较器的比较精度。另外不同于分压单元的设计,电压偏差放大电路在设计时需要采用大尺寸的器件和对称性版图布局。通过在 0.18μm CMOS 工艺下仿真测试可得,该电压偏差放大电路正常工作时,具有 52dB 的增益和 80μW 的功耗。

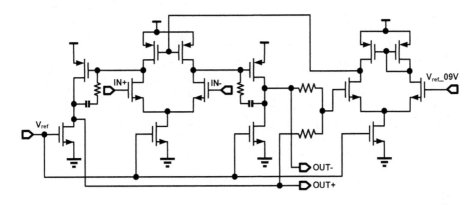

图 3-15　高增益电压偏差放大电路

3.3.3　高精度电压偏差比较电路

电压偏差比较电路(Voltage Difference Comparator)主要用来判定输入的两个偏置电压值的大小,相应生成判决信号 0/1。考察电压比较器的性能的指标主要是比较精度,比较精度越高,允许其输入的电压差范围越小,即当输入的电压差足够小时,电压偏差比较电路也可以准确地进行比较判断。如图 3-16 所示为高精度电压偏差比较电路,如同电压偏差放大电路一样,电压偏差比较电路也需要采用大尺寸的器件和对称性的版图布局以减小系统性和随机性噪声的影响,提高比较精度,产生稳定的输出。通过在 0.18μm CMOS 工艺下仿真,实验结果表明该电压偏差比较电路具有 3 mV 的比较精度。高增益电压偏差放大电路和高精度电压偏差比较电路整体版图布局如图 3-17 所示。

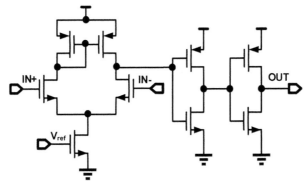

图 3-16　高精度电压偏差比较电路

45

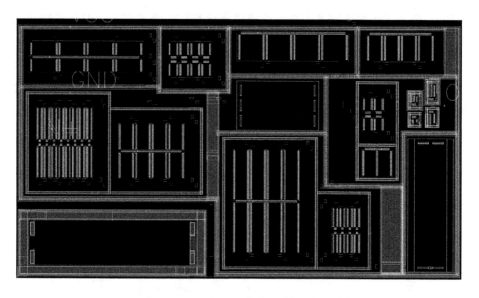

图 3-17　高增益电压偏差放大电路和高精度电压偏差比较电路整体版图布局

3.4　本章小结

　　针对增强 PUF 稳定性的目标,本章提出了一种新型的 PUF 电路体系结构,包括工艺敏感电路、偏差放大电路和偏差比较电路三个功能模块,同时从比较精度和噪声敏感性两个方面,定性分析了新型 PUF 体系结构通过增加偏差放大电路增强 PUF 稳定性的设计机理。根据工艺敏感电路的类型,延伸出两种不同的新型 PUF 电路结构。其中,基于延迟单元的 PUF 电路体系结构包括基于延迟单元的工艺敏感电路、时间偏差放大电路和时间偏差比较电路三个部分;同时本章给出了各个部分的详细电路结构、版图设计和性能分析。基于分压单元的 PUF 电路体系结构包括基于分压单元的工艺敏感电路、模拟 $N \times 1$ 数据选择器、电压偏差放大电路和电压偏差比较电路四个部分;同样本章给出了各个部分的详细电路结构、版图设计和性能分析。

第 4 章　PUF 性能增强技术研究

针对增强稳定性的指标,通过理论分析,提出了高效的举手表决机制的设计方法,并基于设计方法实现新型的举手表决电路,判决输出稳定的 ID;针对增强唯一性的目标,实现了一种全新的 ID 扩散算法,将举手表决机制生成的稳定 ID 进行扩散,使得扩散后的 ID 在一个大的统计空间内满足均匀分布,增大 ID 之间的海明距离,减小碰撞的概率,增强 PUF 的唯一性;针对增强安全性的目标,研究对称布局和等长走线的版图实现策略,以及特殊的顶层 S 型网格布线技术,有效抵御版图反向工程和微探测技术等物理攻击,保证 PUF 生成密钥 ID 的安全性。

4.1　稳定性增强技术——新型的举手表决机制

为了进一步增强 PUF 的稳定性,本节引入举手表决机制(Voting Mechanism),通过对偏差比较电路生成的 0/1 输出结果进行多次采样,并依据采样结果的概率分布,判决输出稳定的 ID 比特。当环境条件尤其是电源电压随机抖动变化时,由于工艺敏感电路中的 PUF 单元的延时特性或者分压特性会随之变化,所以导致偏差比较器的输出可能发生改变。换句话说,如果文中 PUF 没有包含举手表决电路,那么偏差比较器的输出是变化的,于是同一个 PUF 芯片每次产生的 ID 有可能都是不一样的。因此采用举手表决电路用来对前级偏差比较电路输出的信号进行多次采样,并对采样结果 0 和 1 分别进行计数,然后按照某种概率规则对 0 和 1 计数结果进行比较,判决输出稳定的 ID 比特位0/1。通过举手表决机制,可以极大地提高 PUF 输出的稳定性。

4.1.1　举手表决机制理论分析

举手表决机制是一种基于 0/1 比特概率分布的 PUF 稳定性加固策略。其首先通过对偏差比较电路的输出进行 N 次采样,然后对采样结果 0 和 1 分别进行计数,接着按照某种判决算法将 0/1 计数结果与事先设定的阈值比较,产生稳定的 ID 比特输出。

稳定的 ID 比特输出意味着在正常的温度和电源电压变化范围内,同一个 PUF 经过举手表决输出的 ID 比特需要保持不变,否则即使 ID 仅仅变化某一位,PUF 最终输出的密钥也会随之改变,这是不允许的。另外在电源电压稳定和随机抖动两种条件下,同一个 PUF 经过举手表决输出的 ID 需要保持一致,即输出的 ID 需保证是正确的 ID。因此,举手表决机制用于产生正确和稳定的 ID。

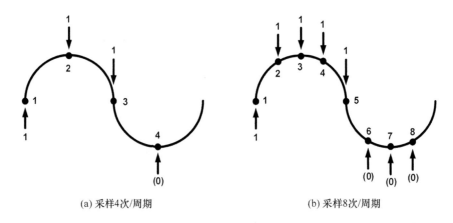

(a) 采样4次/周期　　　　　　　　　(b) 采样8次/周期

图 4-1　在不同的电压抖动时刻下对偏差比较器的输出进行采样的示意图

一般而言,实际工作环境中的电源电压存在随机的抖动,即在标准电源电压上叠加了随机的电源噪声。这种抖动在时域表现出随机性,即无法预测下一时刻的电压是大于还是小于标称电压,但是其数值统计分布是对称的,即大于标称电压的抖动电压和小于标称电压的抖动电压是等概率的,同时在频域这种抖动一般满足白噪声频谱特性,因此可以认为这种抖动实际上是由很多个不同频率的正弦波组成。为了便于分析,我们简化电源电压抖动为单一频率的标准正弦波。图 4-1 是在不同的抖动时刻下对偏差比较器的输出进行采样的示意图,在一个抖动周期内对偏差比较器输出进行 4 次采样,其中 1 和 3 为标准电源电压下的采样,结果为比特 1。由于当电源电压变化时,工艺敏感电路中的 PUF cell 的延时特性或者分压特性会随之变化,导致工艺敏感电路输出的微弱延时差或者电压差可能增大,也可能减小甚至出现极性翻转,进而使得偏差比较器的输出可能发生跳变。更确切地说,如果当电源电压增大时,工艺敏感电路输出的微弱延时差或者电压差增大,那么当电源电压减小时,工艺敏感电路输出的微弱延时差或者电压差就会减小或者出现极性翻转。即当电源电压增大时偏差比较器输出保持不变,而电源电压减小时其输出就可能发生跳变。相反的过程同理,即电源电压减小时偏差比较器输出保持不变,而电源电压增大时其输出就可能发生跳变。此处如果满足第一种情况,那么 2 采样的结果同标准电源电压下采样结果保持一致,即都为 1,而当电源电压减少时,4 采样的结果可能为 0。显然单个抖动周期内,正确的样本比率至少为 75%。同理,如果在一个抖动周期内对偏差比较器输出进行 8 次采样,那么 1,2,3,4 和 5 采样结果为 1,而 6,7 和 8 采样结果可能为 0,即单个抖动周期内正确的样本比率至少为 62.5%。进一步而言,如果一个周期内采样次数足够大时,正确的样本率至少为 50%。因此,相同的时间段内,采样次数的不同,正确的样本率是不一样的。为了能够产生准确的 ID,在设计举手表决机制时,如果定义不同的采样次数,那么也需要采用不同的正确样本率。实际工作环境中的电源电压抖动(噪声)是由很多个不同频率的正弦波组成,叠加后的波形很复杂,且抖动电压呈现出很强的随机性,因此,采样次数和正确样本率之间的关系比上面描述复杂得多,不能简单定义正确的样本率为50%[129],否则影响举手表决机制的有效性,我们定义比较阈值为采样次数乘以正确的样本率,实际工作中在采样次数确定情况下很难直接给出准确的比较阈值,选择不同的比较阈值决定了举手表决机制不同的正确 ID 的生成能力,进一步实际情况下,采样次数同样很难直接确定,不同的采样次数也会导致举手表决机制具有不同的正确 ID 的生成能力,故在举手表决机制电路设计时需要综合考虑采样次数与比较阈值的定义,只有选择采样次数与比较阈值的最佳组合,才能保证举手表决机制产生稳定的、准确的 ID。一般情况下,如果样本 1 的计数值大于样本 0 的计数值时,那么举手表决输出比特 1,如果样本 1 的计数值小于样本 0 的计数值时,那么举手表决输出比特 0,这是最简单判决算法,在实际应用中举手表决误判的概率极高。因此,实际情况下所采用的算法相对复杂,不同的判决算法也直接决定了举手表决机制具有不同的正确稳定 ID 的生成能力。

下面采用的判决算法分为两种,具有不同的原理和结构。

(1) 判决算法一

判决算法一的实现结构如图 4-2 所示,主要由数值比较器(Comparator)组成。比较阈值设置寄存器(Probability Register)存储事先设定的判决阈值,样本正确率可以选择从10%到90%范围内的值。当对偏差比较器的输出采样结束,样本 0 和 1 的计数结果生成时,使能数值比较器,将样本 1 的计数值和从比较阈值设置寄存器读取的阈值进行比较,判决生成稳定的 ID 比特。如果样本 1 的计数值大于比较阈值,那么判决输出比特 1,否则输出比特 0。当样本正确率选择 50% 时,其输出效果同[129]中举手表决算法类似。

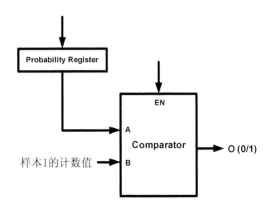

图 4-2　判决算法一结构图

（2）判决算法二

判决算法二的实现结构如图 4-3 所示,主要由数值比较器(Comparator)和逻辑门组成。比较阈值设置寄存器(Probability Register)存储事先设定的判决阈值,样本正确率可以选择从 10% 到 90% 范围内的值。当对偏差比较器的输出采样结束,样本 0 和 1 的计数结果生成时,使能数值比较器,样本 1 的计数值和从比较阈值设置寄存器读取的阈值比较生成信号 A,样本 0 的计数值和从比较阈值设置寄存器读取的阈值比较生成信号 B,样本 1 的计数值和样本 0 的计数值比较生成信号 C,然后按照 $AC+\overline{BC}$ 的运算规则判决生成稳定的 ID 比特 O。当样本正确率选择 50%~90% 范围内时,如果样本 1 的计数值大于比较阈值,那么判决输出比特 1;如果样本 0 的计数值大于比较阈值,那么判决输出比特 0;如果样本 1 的计数值小于比较阈值,同时大于样本 0 的计数值,那么判决输出比特 0;如果样本 0 的计数值小于比较阈值,同时大于样本 1 的计数值,那么判决输出比特 1。当样本正确率选择 10%~50% 范围内时,如果样本 1 的计数值大于样本 0 的计数值,那么判决输出比特 1;如果样本 1 的计数值小于样本 0 的计数值,那么判决输出比特 0。

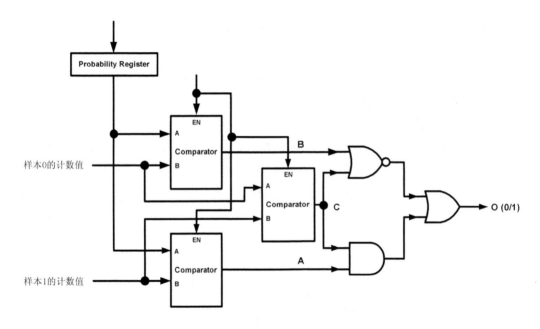

图 4-3　判决算法二结构图

总之,在实际工作环境中,由于电源电压存在的随机性抖动会导致偏差比较器输出不稳定,即 PUF 的 ID 比特可能随着电源电压的抖动而发生反转,所以引入举手表决机制,通过对偏差比较器输出进行采样,按照样本的 0/1 分布概率判决生成稳定的 ID。同时,举手表决机制生成正确稳定 ID 的能力主要取决于三个因素:采样次数、判决算法和比较阈值。不同的采样次数、判决算法和比较阈值的选择决定举手表决机制具有不同的正确稳定的 ID 生成能力,进而决定 PUF 具有不同的稳定性。通过选择最优的采样次数、判决算法和比较阈值的组合,举手表决机制具有最佳的正确稳定的 ID 生成能力,即通过表决可以产生准确的 ID,提高 PUF 的稳定性。而采样次数、判决算法和比较阈值的最优组合本质上主要取决于 PUF 的实现结构与实际工作条件下电源电压的噪声分布情况,换句话说,PUF 电路实现结构不同,实际工作时电源电压噪声分布情况不同,采样次数、判决算法和比较阈值的最优组合选择也不同。因此,在设计举手表决机制电路时,在 PUF 电路结构确定后,需要对 PUF 芯片实际工作环境中电源电压噪声情况进行建模,以此噪声模型为基础来进一步分析选择举手表决机制的采样次数、判决算法和比较阈值的最优组合。举手表决机制电路中需要包含采样次数设置寄存器(Voting Register)和比较阈值设置寄存器(Probability Register),同时集成多种判决算法。在电源电压叠加实际噪声模型、设置采样次数设置寄存器和比较阈值设置寄存器为不同的值,片选不同的判决算法的情况下,分别对 PUF 进行 Monte Carlo 仿真,统计不同条件下 PUF 的稳定性,通过比较选择最优的采样次数、比较阈值和判决算法组合,使得 PUF 的稳定性最好。

4.1.2 举手表决机制电路结构

举手表决机制电路结构如图 4-4 所示,主要包括采样器(Sampler)、控制器 0(Controller 0)、控制器 1(Controller 1)、计数器 0(Counter 0)、计数器 1(Counter 1)和判决算法(Arbiter)

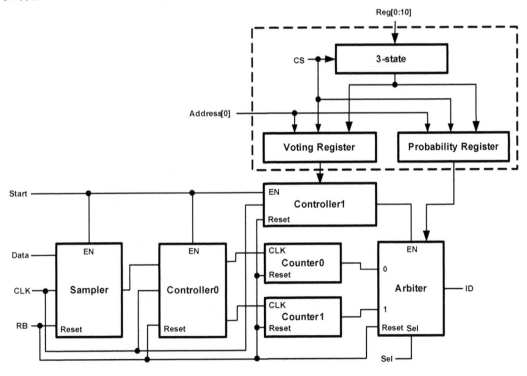

图 4-4 举手表决机制电路结构

6个模块以及采样次数设置寄存器(Voting Register)和比较阈值设置寄存器(Probability Register)两个寄存器。首先采样器对偏差比较电路的输出进行 N 次采样,然后将采样结果送入控制器 0 产生分别表示 0/1 采样结果的计数脉冲,接着计数器 0 对表示 0 采样结果的计数脉冲进行计数,计数器 1 对表示 1 采样结果的计数脉冲进行计数,然后在控制器 1 的控制信号有效时使能判决算法按照规则对 0/1 计数结果进行判决产生稳定的 ID 输出。模块举手表决机制电路接口信号描述如表 4-1 所示。其中在写操作信号 CS 高有效时,三态门(3-state)打开,Reg[0:10]数值被写入举手表决机制电路寄存器,当地址信号 Address[0]=0 时,Reg[0:10]数值被写入采样次数设置寄存器,当地址信号 Address[0]=1 时,Reg[0:10]数值被写入比较阈值设置寄存器。

表 4-1　举手表决机制电路接口信号描述

编号	信号名称	类型	功能描述
1	CLK	输入	系统时钟
2	RB	输入	复位信号,低有效
3	Start	输入	启动信号,高有效
4	Data	输入	偏差比较器的输出 ID
5	CS	输入	写操作信号,高有效
6	Address[0]	输入	当 Address[0]=0 时,写采样次数设置 register; 当 Address[0]=1 时,写比较阈值设置 register
7	Reg[0:10]	输入	Register 初始状态输入
8	Sel	输入	当 Sel=0 时,选择判决算法一工作; 当 Sel=1 时,选择判决算法二工作
9	ID	输出	举手表决生成的稳定 ID。

采样器模块(Sampler):核心为 D 触发单元,在使能有效条件下,对偏差比较电路的输出进行多次采样。

控制器 0 模块(Controller0):根据采样器的采样结果,分别产生表征采样结果 0 和 1 的计数脉冲(时钟),电路结构如图 4-5(a)所示,信号时序图如图 4-5(b)所示。CLK 反向后(CLK 下降沿)分别对/Sample_data(Sample_data 信号取反)与 Sample_data 进行采样,然后两路采样值分别与 CLK 进行与操作选择时钟脉冲,当采样值为高电平(表示采样结果 0 和 1)时,允许 CLK 时钟脉冲通过,从而分别产生表示采样结果 0 和 1 的计数时钟脉冲。

控制器 1 模块(Controller1):通过计数控制产生判决算法模块使能信号,控制器 1 主要由一个 11 位计数器和控制逻辑组成,电路结构如图 4-6 所示。当计数器的计数值等于事先设置的采样次数时,控制逻辑产生有效使能信号,判决算法模块开始工作。当

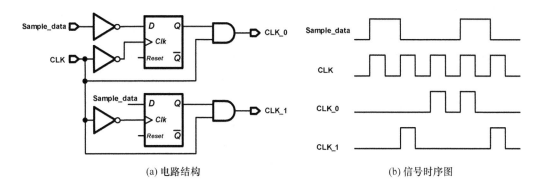

(a) 电路结构　　　　　　　　(b) 信号时序图

图 4-5　控制器 0 模块电路结构

A[0:10](计数值)不等于 D[0:10](采样次数)时,输出使能信号 Comp_en 为低电平,使能无效,判决算法模块不工作;当 A[0:10](计数值)等于 D[0:10](采样次数)时,输出使能信号 Comp_en 为高电平,使能有效,判决算法模块开始工作。

计数器 0 模块(counter0):对表示采样结果 0 的计数脉冲进行计数,计数器 0 采用普通串行 11 位计数器结构,计数值不超过 2 048。

计数器 1 模块(counter1):对表示采样结果 1 的计数脉冲进行计数,计数器 1 也采用普通串行 11 位计数器结构,计数值不超过 2 048。

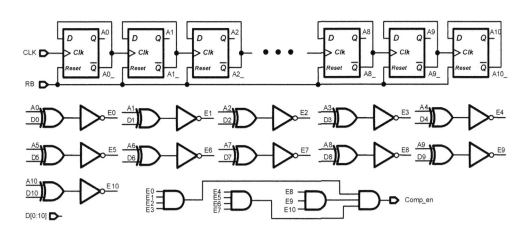

图 4-6　控制器 1 模块电路结构

判决算法模块(Arbiter):对 0/1 计数结果按照某种算法规则比较生成 ID 比特位,该模块包含两种不同类型的判决算法,具体算法的实现结构如图 4-2 与 4.3 所示。在使能信号有效的条件下,通过片选信号 Sel 选择某种判决算法工作,按照规则对 0/1 计数结果进行判决产生稳定的输出 ID。当 Sel 为低电平时,通过内部 MUX 选择判决算法一的比较结果输出;当 Sel 为高电平时,通过内部 MUX 选择判决算法二的比较结果输出。不同的判决算法使得举手表决机制具有不同的 ID 生成能力。

采样次数设置寄存器(Voting Register):存储事先设置的采样次数,采样次数设置寄存器结构如图4-7所示。当写操作信号 CS 为高电平,地址信号 Address[0]为低电平时,MUX 选择 Reg[X]至 D 触发器数据输入端通路,在下一个 CLK 的上升沿时 Reg[X]值被锁存入 D 触发器,即 Reg[0:10]被写入采样次数设置寄存器;当写操作信号 CS 为低电平,或者地址信号 Address[0]为高电平时,MUX 选择 D 触发器数据输出端 Q 至 D 触发器数据输入端通路,在下一个 CLK 的上升沿时 D 触发器前一拍输出数据被重新锁存输出,即采样次数设置寄存器锁存数据保持不变。

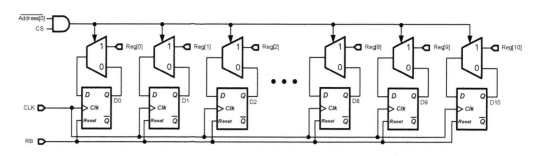

图 4-7　采样次数设置寄存器电路结构

比较阈值设置寄存器(Probability Register):存储事先设置的比较阈值,比较阈值设置寄存器结构如图4-8所示,与采样次数设置寄存器电路结构类似。当写操作信号 CS 为高电平,地址信号 Address[0]为高电平时,MUX 选择 Reg[X]至 D 触发器数据输入端通路,在下一个 CLK 的上升沿时 Reg[X]值被锁存入 D 触发器,即 Reg[0:10]被写入比较阈值设置寄存器;当写操作信号 CS 为低电平,或者地址信号 Address[0]为低电平时,MUX 选择 D 触发器数据输出端 Q 至 D 触发器数据输入端通路,在下一个 CLK 的上升沿时 D 触发器前一拍输出数据被重新锁存输出,即比较阈值设置寄存器锁存数据保持不变。

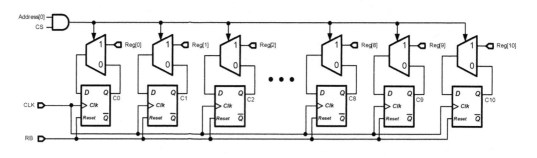

图 4-8　比较阈值设置寄存器电路结构

举手表决机制工作过程是:

(1) 设置 RB 信号,复位整个举手表决机制电路;

(2) 依次利用写操作对采样次数设置寄存器和比较阈值设置寄存器进行设置;

（3）设置 Start 信号，启动相关模块工作；

（4）对偏差比较电路的输出进行 N 次采样，同时通过控制器 0 生成分别表示采样结果 0 和 1 个数的计数脉冲，并通过计数器 0 和 1 分别对两路计数脉冲进行计数；

（5）当控制器 1 中计数器的值等于采样次数设置寄存器中设置值时，控制器 1 生成判决模块工作使能信号；

（6）在使能有效的条件下，判决算法模块对计数器 0 和 1 输出的计数值按照选择的算法进行比较，产生稳定的 ID 比特输出。

接口信号工作时序如图 4-9 所示。在 CLK 第一个上升沿时设置复位信号 RB，复位整个举手表决机制电路，在 CLK 第二个上升沿时把复位信号 RB 变为高电平，复位过程结束，在 CLK 第三个上升沿时把写操作信号 CS 变为高电平，同时写数据到 Reg[0:10]，接着在 CLK 下一个上升沿时将 Reg[0:10]值写入采样次数设置寄存器，在 CLK 第五个上升沿时写操作信号 CS 变为高电平，地址信号 Address[0]变为高电平，同时写数据到 Reg[0:10]，接着在 CLK 下一个上升沿时将 Reg[0:10]值写入比较阈值设置寄存器，从而完成对采样次数设置寄存器与比较阈值设置寄存器的设置，在 CLK 第七个上升沿时把启动信号 Start 变为高电平，启动举手表决机制电路开始工作，在后续 CLK 上升沿时依次采样偏差比较电路输出 Data，生成采样结果 Sample_Data，将采样结果送入控制器 0，在延迟一拍后分别产生表征采样结果 0 和 1 的计数脉冲信号 CLK_0 与 CLK_1，同时控制器 1 中的计数器开始计数，计数器 0 开始对 CLK_0 的时钟脉冲进行计数，计数器 1 开始对 CLK_1 的时钟脉冲进行计数，当控制器 1 的计数器计数值等于采样次数设置寄存器锁存数值时，控制器 1 使能信号 Comp_en 变为高电平，判决算法模块开始工作，按照算法规则将 0/1 计数结果与事先设定的阈值比较，产生稳定的 ID 比特输出。

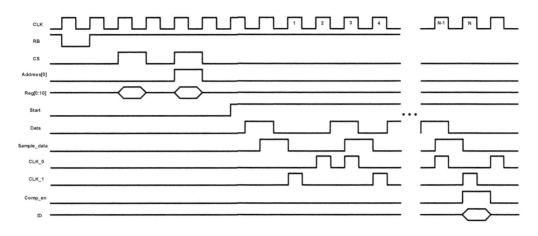

图 4-9 举手表决机制电路接口信号工作时序图

4.1.3 举手表决机制电路实现

通过前面分析可知,举手表决机制生成正确稳定 ID 的能力主要取决于三个因素:采样次数、判决算法和比较阈值。不同的采样次数、判决算法和比较阈值的组合决定举手表决机制具有不同的正确稳定的 ID 生成能力,最优的采样次数、判决算法和比较阈值的组合使得举手表决机制能够产生稳定准确的 ID。而最优的采样次数、判决算法和比较阈值的组合(PUF 电路实现确定)主要取决于 PUF 实际工作中电源电压上的噪声分布情况。因此,需要对 PUF 实际工作中电源电压上的噪声分布情况进行建模,然后以此模型为基础,在不同采样次数、判决算法和比较阈值的组合条件下,分别对包含举手表决机制的 PUF 进行 Monte Carlo 分析,统计 PUF 的 ID 稳定性,通过比较选择最优的采样次数、比较阈值和判决算法组合,使得 PUF 的稳定性最好。

通过对 PCB 制版上电源引脚上电源电压信号的测量可发现,电源电压的噪声为高斯白噪声,也就是说实际电源电压噪声在频域上功率谱满足白噪声特性,不同频率下的噪声功率密度相同,同时电源电压噪声在幅值上满足高斯(正态)概率密度分布。我们可以通过两种方法对电源电压的噪声建模,其中一种为利用示波器直接抓取电源引脚上的电源电压信号,然后将采样到的节点电压值保存并导入 Spectre 里建立仿真需要的电源电压信号;另外一种为利用频谱分析仪对电源引脚上的电源电压噪声信号进行频域的功率密度谱分析,对噪声幅度值进行概率密度统计分布分析,然后在 MATLAB 下利用白噪声生成组件拟合频谱分析仪实测的电源噪声的功率密度谱与幅度值概率密度曲线,生成电源电压噪声信号,最后将该噪声信号保存并导入 Spectre 里建立仿真需要的电源电压信号。两种方法均可采用。

电源电压噪声模型(仿真所需实际电源电压信号)建立后,我们在 $0.18\mu m$ CMOS 工艺下对包含举手表决机制的 PUF 电路进行 10 000 轮的 Monte Carlo 分析。仿真的电源电压标准值为 1.8 V。

(1) 判决算法一、正确的样本率为 50%,采样次数范围为 100~1300。

在选择判决算法一,设置正确样本率为 50% 的情况下,我们分别在 −40 ℃、30 ℃ 和 100 ℃ 三种温度条件下,选择不同的采样次数(范围为 100~1300)对 PUF 进行 Monte Carlo 分析,统计 PUF 的稳定性,详细比较如图 4-10 所示。在相同的温度条件下,随着采样次数的增加,PUF 的稳定性逐渐增强;在相同的采样次数情况下,随着温度的升高,PUF 的稳定性逐渐降低;当采样次数接近 1 300 时,PUF 在 −40~100 ℃ 的温度范围内的 ID 稳定性均近似为 100%。

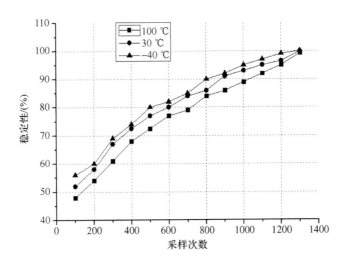

图 4-10 在 $-40\ ℃$、$30\ ℃$ 和 $100\ ℃$ 三种温度,判决算法一,正确的样本率为 50%,
以及不同采样次数的仿真条件下 PUF 的稳定性对比图

(2) 判决算法二、正确的样本率为 50%,采样次数范围为 $100\sim1\ 300$。

在选择判决算法二,设置正确样本率为 50% 的情况下,我们分别在 $-40\ ℃$、$30\ ℃$ 和 $100\ ℃$ 三种温度条件下,选择不同的采样次数(范围为 $100\sim1\ 300$)对 PUF 进行 Monte Carlo 分析,统计 PUF 的稳定性,详细比较如图 4-11 所示。在相同的温度条件下,随着采样次数的增加,PUF 的稳定性逐渐增强;在相同的采样次数情况下,随着温度的升高,PUF 的稳定性逐渐降低;当采样次数接近 $1\ 200$ 时,PUF 在 $-40\sim100\ ℃$ 的温度范围内的 ID 稳定性均近似为 100%。

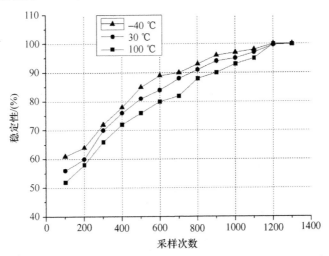

图 4-11 在 $-40\ ℃$、$30\ ℃$ 和 $100\ ℃$ 三种温度,判决算法二、正确的样本率为 50%,
以及不同采样次数的仿真条件下 PUF 的稳定性对比图

（3）判决算法一、正确的样本率为 60%，采样次数范围为 100～1 300。

在选择判决算法一，设置正确样本率为 60%的情况下，我们分别在－40 ℃、30 ℃和 100 ℃三种温度条件下，选择不同的采样次数（范围为 100～1 300）对 PUF 进行 Monte Carlo 分析，统计 PUF 的稳定性，详细比较如图 4-12 所示。在相同的温度条件下，随着采样次数的增加，PUF 的稳定性逐渐增强；在相同的采样次数情况下，随着温度的升高，PUF 的稳定性逐渐降低；当采样次数接近 1 100 时，PUF 在－40～100 ℃的温度范围内的 ID 稳定性均近似为 100%。

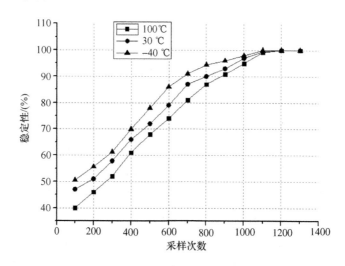

图 4-12　在－40 ℃、30 ℃和 100 ℃三种温度，判决算法一、正确的样本率为 60%，
以及不同采样次数的仿真条件下 PUF 的稳定性对比图

（4）判决算法二、正确的样本率为 60%，采样次数范围为 100～1 300。

在选择判决算法二，设置正确样本率为 60%的情况下，我们分别在－40 ℃、30 ℃和 100 ℃三种温度条件下，选择不同的采样次数（范围为 100～1 300）对 PUF 进行 Monte Carlo 分析，统计 PUF 的稳定性，详细比较如图 4-13 所示。在相同的温度条件下，随着采样次数的增加，PUF 的稳定性逐渐增强；在相同的采样次数情况下，随着温度的升高，PUF 的稳定性逐渐降低；当采样次数接近 1 000 时，PUF 在－40～100 ℃的温度范围内的 ID 稳定性均近似为 100%。

（5）判决算法一、正确的样本率为 70%，采样次数范围为 100～1 400。

在选择判决算法一，设置正确样本率为 70%的情况下，我们分别在－40 ℃、30 ℃和 100 ℃三种温度条件下，选择不同的采样次数（范围为 100～1 400）对 PUF 进行 Monte Carlo 分析，统计 PUF 的稳定性，详细比较如图 4-14 所示。在相同的温度条件下，随着采样次数的增加，PUF 的稳定性逐渐增强；在相同的采样次数情况下，随着温度的升高，PUF 的稳定性逐渐降低；当采样次数接近 1 400 时，PUF 在－40～100 ℃的温度范围内的 ID 稳定性均近似为 100%。

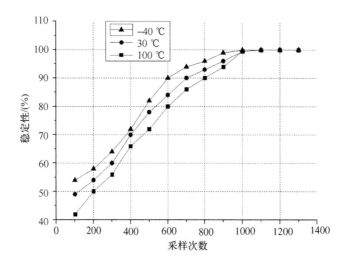

图 4-13 在－40 ℃、30 ℃和 100 ℃三种温度,判决算法二,正确的样本率为 60%,
以及不同采样次数的仿真条件下 PUF 的稳定性对比图

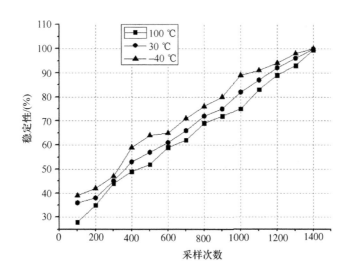

图 4-14 在－40 ℃、30 ℃和 100 ℃三种温度,判决算法一,正确的样本率为 70%,
以及不同采样次数的仿真条件下 PUF 的稳定性对比图

(6) 判决算法二、正确的样本率为 70%,采样次数范围为 100～1 300。

在选择判决算法二,设置正确样本率为 70%的情况下,我们分别在－40 ℃、30 ℃和
100 ℃三种温度条件下,选择不同的采样次数(范围为 100～1 300)对 PUF 进行
Monte Carlo 分析,统计 PUF 的稳定性,详细比较如图 4-15 所示。在相同的温度条件下,
随着采样次数的增加,PUF 的稳定性逐渐增强;在相同的采样次数情况下,随着温度的升
高,PUF 的稳定性逐渐降低;当采样次数接近 1 300 时,PUF 在－40～100 ℃的温度范围

内的 ID 稳定性均近似为 100%。

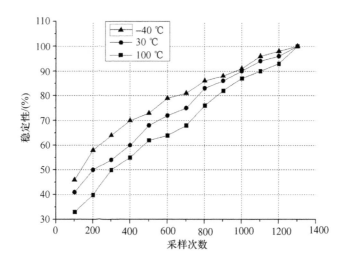

图 4-15　在 −40 ℃、30 ℃和 100 ℃三种温度,判决算法二、正确的样本率为 70%,
以及不同采样次数的仿真条件下 PUF 的稳定性对比图

通过比较分析可知,最优的组合是选择判决算法二、采样次数为 1 000 和正确样本率为 60%(比较阈值为 600)。首先,在相同采样次数和正确样本率的条件下,选择不同的判决算法,PUF 的稳定性是不同的,由图观察可知相对于判决算法一,选择判决算法二时 PUF 产生的 ID 的稳定性较好;其次,选择判决算法二后,在不同的正确样本率情况下,当采样次数超过某个临界值后 PUF 的稳定性均近似为 100%;进一步而言,在选择判决算法二、采样次数为 1 200 和正确样本率为 50%的组合,选择判决算法二、采样次数为 1 000 和正确样本率为 60%的组合与选择判决算法二、采样次数为 1 300 和正确样本率为 70%的组合情况下,PUF 在 −40~100 ℃的温度范围内的 ID 稳定性都近似为 100%,但是采样次数越大,PUF 的工作时钟频率越高,功耗越大,同时延迟单元允许延迟时间范围越小,设计难度越大,因此采样次数选择为 1 000 较好。综上可知,选择判决算法二、采样次数为 1 000 和正确样本率为 60%(比较阈值为 600)的组合是最优的。

4.2　唯一性增强技术——全新的 ID 扩散算法

为了进一步增强 PUF 的唯一性,本节引入原创扩散算法(Diffusion Algorithm),将举手表决机制生成的稳定 ID 进行扩散,使得扩散后的 ID 在较大的数值空间满足均匀分布的统计特征,提高 PUF 的唯一性。一般而言,举手表决生成的 ID 在分布上比较集中,任意两个 ID 之间不同比特位的数量(海明距离)较小,这就增加了不同 ID 之间的碰撞的可能性,即当环境变化时,不同 ID 之间非常容易出现重复。因此,采用扩散算法对原始

ID进行打散,在一个大的统计空间内满足均匀分布,于是任意 ID 之间不同比特位的数量(海明距离)增大,从而减小了不同 ID 之间碰撞的概率,增强了 PUF 的唯一性。

4.2.1　扩散算法一

本小节提出了一种新型的扩散算法,实现对 ID 的散列变化,增强 PUF 的唯一性。扩散算法一的原理结构如图 4-16 所示,对应特征多项式是 $x^{32}+x^{22}+x^{12}+1$。扩散算法一具有如下特点:

(1) 算法稳定,扩散前后的 ID 比特位数长度相等,并且两者之间是一一对应;

(2) 无论扩散前的 ID 具有何种统计分布,扩散后的 ID 都能够在大的数值空间内满足均匀分布特征,ID 之间不同比特位数(海明距离)较大,当环境变化时,不同 ID 之间碰撞的可能性较小,ID 之间重复的概率极低;

(3) 扩散算法一实现结构简单,只用到一个 32 位的移位寄存器,及少量的非、与、或、异或门构成硬件实现电路;

(4) 根据扩散算法一,由原始 ID 很容易推出扩散后 ID,但是反之由扩散后的 ID 很难推断出原始 ID,这就增加了攻击者通过窃取原始 ID 分析 PUF 工艺偏差分布破解 ID 生成逻辑的攻击方法的难度。

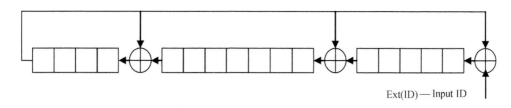

图 4-16　扩散算法一原理结构

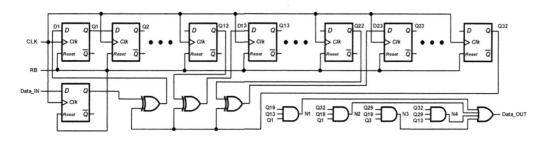

图 4-17　扩散算法一电路结构

1. 扩散算法一电路实现和工作原理

扩散算法一由一个 32 位移位寄存器和少量非、与、或和异或门构成,具体电路结构如图 4-17 所示,其核心为一个 32 位的线性反馈移位寄存器(LFSR)。

在工作过程中,首先将原始 ID 按照特征多项式的计算规则逐位移入线性反馈移位寄存器,更新移位寄存器状态为实际工作状态;然后将原始 ID 再次按照特征多项式的计算规则逐位移入线性反馈移位寄存器,在移位入寄存器的同时,提取寄存器某些状态位按照规则逐位计算扩散算法电路的输出 ID。

2. 扩散算法一 ID 生成步骤

(1) 32 位的移位寄存器初始状态复位为全"0"。

(2) 在原始 ID 比特位后补充 128 个比特"0",称为 Ext(ID)。将 Ext(ID)依次右移入 32 位移位寄存器,移位前数据源为 $D1 = Q32 \oplus IN_m$,$D13 = Q32 \oplus Q12$,$D23 = Q32 \oplus Q22$,其中 IN_m 是 Ext(ID)中的第 M 个比特位。当 Ext(ID)所有比特位全部按照上述方式移入后,寄存器的状态称为实际工作状态。

(3) 当 32 位移位寄存器处于实际工作状态时,将原始 ID 比特位重新依次右移入 32 位移位寄存器,移位前数据源为 $D1 = Q32 \oplus IN_m$,$D13 = Q32 \oplus Q12$,$D23 = Q32 \oplus Q22$,其中 IN_m 是原始 ID 中的第 M 个比特位,每移入一位后从寄存器 32 位输出中固定抽取 6 位,并按照 $N1 = Q19\&Q13\&Q1$,$N2 = Q32\&Q19\&Q1$,$N3 = Q29\&Q19\&Q3$,$N4 = Q32\&Q29\&Q13$,$O_m = N1|N2|N3|N4$ 运算产生新的 ID 位,O_m 为扩散后 ID 中第 M 个比特位。如此循环直到产生最后一位 ID,新的 ID 同原始 ID 比特位数相同。

3. 扩散算法一仿真

本小节在 MATLAB 工具平台下,编写程序实现扩散算法一,利用工具自带的函数生成各种不同分布的样本,采用扩散算法一对其进行扩散,并对扩散前后的样本进行统计分析,建立分布直方图,比较分布情况和唯一性。

本测试选择满足正态分布、指数分布和均匀分布的三组样本进行,每组取 10 000 个样本。首先每个样本被转换为一个 32 位的二进制数字,然后经过扩散后产生另外一个 32 位的二进制数字,接着我们将其转换为十进制数字,最后 10 000 个十进制数字被统计起来在大的十进制空间上,计算数值统计分布特性。

(1) 满足正态分布的样本扩散情况

测试样本满足正态统计分布特性,图 4-18(a)和图 4-18(b)分别展示了扩散前后 10 000 个样本的统计分布特性,其中 X 轴表示样本数值分布空间,Y 轴表示样本数量。显然图 4-18(a)中扩散前的样本满足正态统计分布特性,样本集中在一个小的数值范围内,约为 $1.8\times10^9 \sim 2.6\times10^9$,任意两个样本之间不同比特位的数量(海明距离)较小,这就增加了不同样本之间碰撞的可能性,即当环境变化时,不同样本之间出现重复的概率增大;而图 4-18(b)中扩散后的样本满足均匀统计分布特性,样本数字均匀分布在大的数值空间里,数值范围约为 $0\sim4.2\times10^9$,任意两个样本之间不同比特位的数量(海明距离)增大,从而减小了不同样本之间碰撞的可能性,即当环境变化时,不同样本之间出现重复的概率极低,对应 PUF 就具有更好的唯一性。

(2) 满足指数分布的样本扩散情况

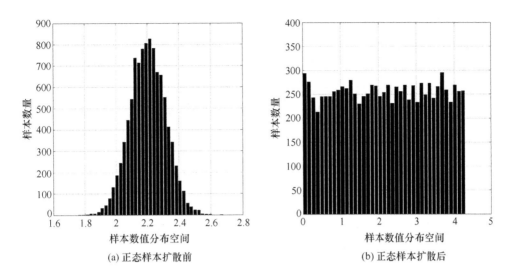

图 4-18　满足正态分布的样本扩散前后的数值统计分布特性图(一)

测试样本满足指数统计分布特性,图 4-19(a)和图 4-19(b)分别展示了扩散前后 10 000 个样本的统计分布特性,其中 X 轴表示样本数值分布空间,Y 轴表示样本数量。显然图 4-19(a)中扩散前的样本满足指数统计分布特性,样本集中在一个小的数值范围内,约为 $0\sim2.3\times10^{9}$,任意两个样本之间不同比特位的数量(海明距离)较小,这就增加了不同样本之间碰撞的可能性,即当环境变化时,不同样本之间出现重复的概率增大;而图 4-19(b)中扩散后的样本满足均匀统计分布特性,样本数值均匀分布在大的数值空间里,数值范围约为 $0\sim4.2\times10^{9}$,任意两个样本之间不同比特位的数量(海明距离)增大,从而减小了不同样本之间碰撞的可能性,即当环境变化时,不同样本之间出现重复的概率极低,对应 PUF 就具有更好的唯一性。

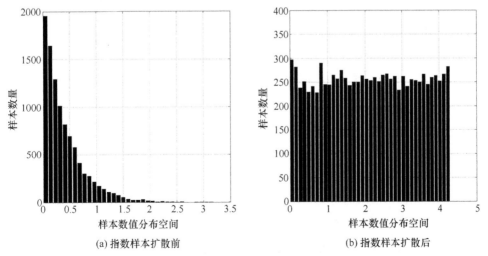

图 4-19　满足指数分布的样本扩散前后的数值统计分布特性图(一)

（3）满足均匀分布的样本扩散情况

测试样本满足均匀统计分布特性，图 4-20（a）和图 4-20（b）分别展示了扩散前后10 000个样本的统计分布特性，其中 X 轴表示样本数值分布空间，Y 轴表示样本数量。显然图 4-20（a）中扩散前的样本满足均匀统计分布特性，样本集中在一个小的数值范围内，约为 $0\sim2.6\times10^8$，任意两个样本之间不同比特位的数量（海明距离）较小，这就增加了不同样本之间碰撞的可能性，即当环境变化时，不同样本之间出现重复的概率增大；而图 4-20（b）中扩散后的样本同样满足均匀统计分布特性，但是样本数值均匀分布在大的数值空间里，数值范围约为 $0\sim4.2\times10^9$，任意两个样本之间不同比特位的数量（海明距离）增大，从而减小了不同样本之间碰撞的可能性，即当环境变化时，不同样本之间出现重复的概率极低，对应 PUF 就具有更好的唯一性。

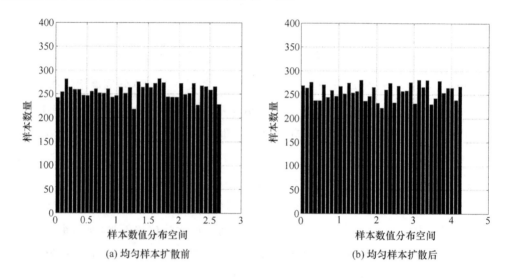

(a) 均匀样本扩散前   (b) 均匀样本扩散后

图 4-20　满足均匀分布的样本扩散前后的数值统计分布特性图（一）

通过仿真测试可知，满足正态分布、指数分布和均匀分布的三种类型样本，经过扩散算法一扩散后都在大的数值空间范围内满足均匀统计分布特性，扩散后样本的海明距离较大，样本间重复概率急剧下降，对应 PUF 具有很好的唯一性。

4.2.2　扩散算法二

扩散算法一可以将不随机的 ID 比特序列变成随机比特序列，且扩散后的 ID 序列满足均匀分布统计特征。扩散前后的 ID 比特位数相同，且存在严格的一一对应关系，因此使得扩散算法无法解决或者降低 ID 重复的概率，无论扩散后的统计结果多么理想，扩散前重复的 ID 在扩散后依然重复。

本小节提出的扩散算法二在扩散算法一的基础上，通过增加变化因素，打破原来 ID 之间的严格对应关系，以降低 ID 重复的概率，提高 PUF 的唯一性。扩散算法二的原理

结构如图 4-21 所示,对应特征多项式是 $x^{32}+x^3+1$。扩散算法二具有如下特点:

(1) 算法稳定,扩散前后的 ID 比特位数长度相等,并且两者之间不是一一对应关系,即相同的原始 ID 经过扩散后生成不同的 ID,降低了 ID 重复的概率,增强了 PUF 的唯一性。

(2) 无论扩散前的 ID 具有何种统计分布,扩散后的 ID 都能够在大的数值空间内满足均匀分布特征,ID 之间不同比特位数(海明距离)较大,当环境变化时,不同 ID 之间碰撞的可能性较小,ID 之间重复的概率极低。

(3) 相比于扩散算法一,扩散算法二删除了非线性电路,减小了 ID 生成的复杂度,采用一个 32 位的移位寄存器和少量异或门构成硬件实现电路。

(4) 根据扩散算法二,由原始 ID 很容易推出扩散后 ID,但是反之由扩散后的 ID 很难推断出原始 ID,这就增加了攻击者通过窃取原始 ID 分析 PUF 工艺偏差分布破解 ID 生成逻辑的攻击方法的难度。

1. 扩散算法二电路实现和工作原理

扩散算法二由一个 32 位移位寄存器和少量异或门构成,具体电路结构如图 4-22 所示,其核心为一个 32 位的线性反馈移位寄存器(LFSR)。

在工作过程中,首先将第 1 个随机物理数据源按照特征多项式的计算规则逐位移入线性反馈移位寄存器,更新移位寄存器状态为实际工作状态;然后提取寄存器某些状态位按照规则计算后逐位移入线性反馈移位寄存器,在移位入寄存器的同时,将第 2 个随机物理数据源(原始 ID)与寄存器状态位按照规则逐位计算扩散算法电路的输出 ID。

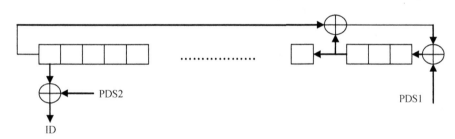

图 4-21　扩散算法二原理结构

2. 扩散算法二 ID 生成步骤

(1) 32 位的移位寄存器初始状态复位为全"0"。

(2) 通过工艺敏感电路生成第 1 个物理数据源 PDS1(Physical Data Source 1),前半部分为 128 比特变换序列,后半部分固定补充 128 个比特"0",PDS1 也可称为寄存器数据源,以变换寄存器的状态。将 PDS1 依次右移入 32 位移位寄存器,移位前数据源为 $D1=Q32\oplus Q3\oplus IN_m$,其中 IN_m 是 PDS1 中的第 M 个比特位。当 PDS1 所有比特位全部按照上述方式移入后,寄存器的状态称为实际工作状态。

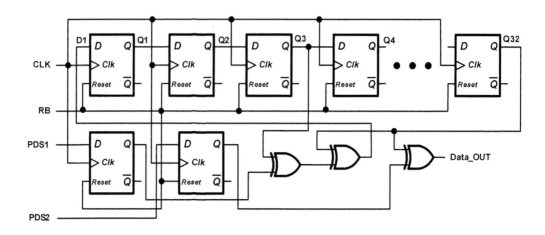

图 4-22 扩散算法二电路结构

（3）通过工艺敏感电路生成第 2 个物理数据源 PDS2（Physical Data Source 2），也称为 ID 数据源（原始 ID）。当 32 位移位寄存器处于实际工作状态时，32 位移位寄存器循环右移，移位前数据源为 D1＝Q32 ⊕ Q3，每右移入一位后从抽取寄存器第 32 位输出 Q32，并按照 $O_m＝Q32 ⊕ IN_m$ 运算产生新的 ID 位，其中 IN_m 是 PDS2 中的第 M 个比特位，O_m 为扩散后 ID 中第 M 个比特位。如此循环直到产生最后一位 ID，新的 ID 同原始 ID 比特位数相同。

3. 扩散算法二仿真

本小节在 MATLAB 工具平台下，编写程序实现扩散算法二，利用工具自带的函数生成各种不同分布的样本，采用扩散算法二对其进行扩散，并对扩散前后的样本进行统计分析，建立分布直方图，比较分布情况和唯一性。

本测试选择满足正态分布、指数分布和均匀分布的三组样本进行，每组取 10 000 个样本。首先每个样本被转换为一个 32 位的二进制数字，然后经过扩散后产生另外一个 32 位的二进制数字，接着我们将其转换为十进制数字，最后 10 000 个十进制数字被统计起来在大的十进制空间上，计算数值统计分布特性。

（1）满足正态分布的样本扩散情况

测试样本满足正态统计分布特性，图 4-23（a）和图 4-23（b）分别展示了扩散前后 10 000 个样本的统计分布特性，其中 X 轴表示样本数值分布空间，Y 轴表示样本数量。显然图 4-23（a）中扩散前的样本满足正态统计分布特性，样本集中在一个小的数值范围内，约为 $1.8×10^9 ～ 2.6×10^9$，任意两个样本之间不同比特位的数量（海明距离）较小，这就增加了不同样本之间碰撞的可能性，即当环境变化时，不同样本之间出现重复的概率增大；而图 4-23（b）中扩散后的样本满足均匀统计分布特性，样本数字均匀分布在大的数值空间里，数值范围约为 $0～4.2×10^9$，任意两个样本之间不同比特位的数量（海明距离）

增大,从而减小了不同样本之间碰撞的可能性,即当环境变化时,不同样本之间出现重复的概率极低,对应 PUF 就具有更好的唯一性。

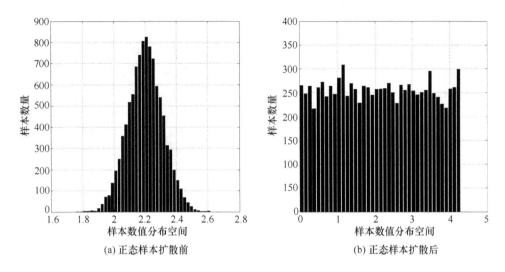

(a) 正态样本扩散前　　　　　　　　　(b) 正态样本扩散后

图 4-23　满足正态分布的样本扩散前后的数值统计分布特性图(二)

（2）满足指数分布的样本扩散情况

测试样本满足指数统计分布特性,图 4-24(a)和图 4-24(b)分别展示了扩散前后 10 000 个样本的统计分布特性,其中 X 轴表示样本数值分布空间,Y 轴表示样本数量。显然图 4-24(a)中扩散前的样本满足指数统计分布特性,样本集中在一个小的数值范围内,约为 $0 \sim 2.3 \times 10^9$,任意两个样本之间不同比特位的数量(海明距离)较小,这就增加了不同样本之间碰撞的可能性,即当环境变化时,不同样本之间出现重复的概率增大;而图 4-24(b)中扩散后的样本满足均匀统计分布特性,样本数字均匀分布在大的数值空间里,数值范围约为 $0 \sim 4.2 \times 10^9$,任意两个样本之间不同比特位的数量(海明距离)增大,从而减小了不同样本之间碰撞的可能性,即当环境变化时,不同样本之间出现重复的概率极低,对应 PUF 就具有更好的唯一性。

（3）满足均匀分布的样本扩散情况

测试样本满足均匀统计分布特性,图 4-25(a)和图 4-25(b)分别展示了扩散前后 10 000 个样本的统计分布特性,其中 X 轴表示样本数值分布空间,Y 轴表示样本数量。显然图 4-25(a)中扩散前的样本满足均匀统计分布特性,样本集中在一个小的数值范围内,约为 $0 \sim 2.6 \times 10^8$,任意两个样本之间不同比特位的数量(海明距离)较小,这就增加了不同样本之间碰撞的可能性,即当环境变化时,不同样本之间出现重复的概率增大;而图 4-25(b)中扩散后的样本满足均匀统计分布特性,样本数字均匀分布在大的数值空间里,数值范围约为 $0 \sim 4.2 \times 10^9$,任意两个样本之间不同比特位的数量(海明距离)增大,从而减小了不同样本之间碰撞的可能性,即当环境变化时,不同样本之间出现重复的概

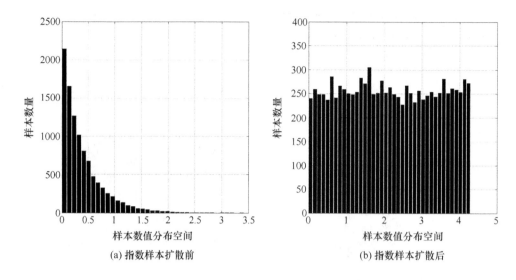

(a) 指数样本扩散前 　　　　　　　(b) 指数样本扩散后

图 4-24　满足指数分布的样本扩散前后的数值统计分布特性图(二)

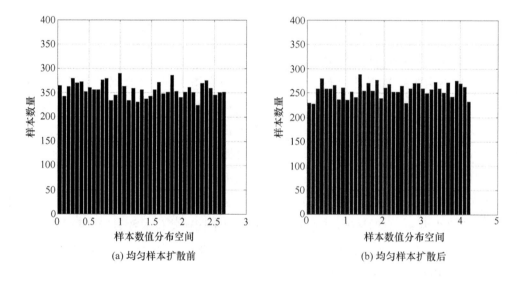

(a) 均匀样本扩散前 　　　　　　　(b) 均匀样本扩散后

图 4-25　满足均匀分布的样本扩散前后的数值统计分布特性图(二)

率极低,对应 PUF 就具有更好的唯一性。

　　通过仿真测试可知,满足正态分布、指数分布和均匀分布的三种类型样本,经过扩散算法二扩散后都在大的数值空间范围内满足均匀统计分布特性,扩散后样本的海明距离较大,样本间重复概率急剧下降,对应 PUF 具有很好的唯一性。

4.2.3　扩散算法三

　　扩散算法二虽然通过增加变化因素降低了 ID 重复的概率,但是需要工艺敏感电路产生额外的随机物理数据源,因此工艺敏感电路的面积开销增大,并且算法控制逻辑复杂度变大。通过综合算法一和算法二的特点,本小节提出了扩散算法三,扩散后 ID 的重复概率减小,对应 PUF 的唯一性得到改善。扩散算法三的原理结构如图 4-26 所示,对应特征多项式是 $x^{32}+x^3+1$。扩散算法三具有如下特点:

(1) 算法稳定,扩散前后的 ID 比特位数长度相等,并且两者之间存在一一对应的关系。

(2) 扩散算法三面积开销小,控制逻辑复杂度低,扩散后 ID 序列的随机性更好。

(3) 无论扩散前的 ID 具有何种统计分布,扩散后的 ID 都能够在大的数值空间内满足均匀分布特征,ID 之间不同比特位数(海明距离)较大,当环境变化时,不同 ID 之间碰撞的可能性较小,ID 之间重复的概率极低。

(4) 算法三电路实现结构简单,相比于算法一删除了非线性电路,减小了 ID 生成的复杂度,采用一个 32 位的移位寄存器和少量异或门构成硬件电路。

(5) 根据扩散算法三,由原始 ID 很容易推出扩散后 ID,但是反之由扩散后的 ID 很难推断出原始 ID,这就增加了攻击者通过窃取原始 ID 分析 PUF 工艺偏差分布破解 ID 生成逻辑的攻击方法的难度。

综上所述,相比于扩散算法一和扩散算法二,扩散算法三具有更简单的实现逻辑,设计复杂度与面积开销极大降低,而扩散后 ID 的唯一性也较好,因此本书 PUF 设计实例均采用扩散算法三打散 ID 序列,增强 PUF 设计实例的唯一性。

1. 扩散算法三电路实现和工作原理

扩散算法三由一个 32 位移位寄存器和少量异或门构成,具体电路结构如图 4-27 所示,其核心为一个 32 位的线性反馈移位寄存器(LFSR)。

在工作过程中,首先将原始 ID 按照特征多项式的计算规则逐位移入线性反馈移位寄存器,更新移位寄存器状态为实际工作状态;然后将原始 ID 再次按照特征多项式的计算规则逐位移入线性反馈移位寄存器,在移位入寄存器的同时,提取寄存器某些状态位与原始 ID 按照规则逐位计算扩散算法电路的输出 ID。

图 4-26　扩散算法三原理结构

2. 扩散算法三 ID 生成步骤

(1) 32 位的移位寄存器初始状态复位为全"0"。

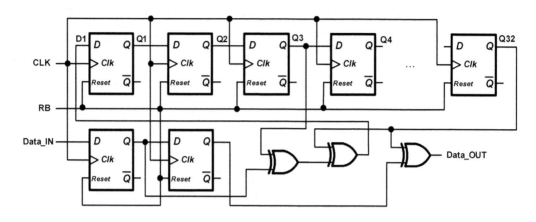

图 4-27 扩散算法三电路结构

（2）在原始 ID 比特位后补充 128 个比特"0"，称为 Ext(ID)。将 Ext(ID)依次右移入
32 位移位寄存器，移位前数据源为 D1＝Q32 ⊕ Q3 ⊕ IN_m，其中 IN_m 是 Ext(ID)中的第
M 个比特位。当 Ext(ID)所有比特位全部按照上述方式移入后，寄存器的状态称为实际
工作状态。

（3）当 32 位移位寄存器处于实际工作状态时，将原始 ID 比特位重新依次右移入 32
位移位寄存器，移位前数据源为 D1＝Q32 ⊕ Q3 ⊕ IN_m，其中 IN_m 是原始 ID 中的第 M
个比特位，每右移入一位后从抽取寄存器第 32 位输出 Q32，并按照 O_m＝Q32 ⊕ IN_m 运
算产生新的 ID 位，其中 IN_m 是原始 ID 中的第 M 个比特位，O_m 为扩散后 ID 中第 M 个比
特位。如此循环直到产生最后一位 ID，新的 ID 同原始 ID 比特位数相同。

3. 扩散算法三仿真

本小节在 MATLAB 工具平台下，编写程序实现扩散算法三，利用工具自带的函数
生成各种不同分布的样本，采用扩散算法三对其进行扩散，并对扩散前后的样本进行统
计分析，建立分布直方图，比较分布情况和唯一性。

本测试选择满足正态分布、指数分布和均匀分布的三组样本进行，每组取 10 000 个
样本。首先每个样本被转换为一个 32 位的二进制数字，然后经过扩散后产生另外一个
32 位的二进制数字，接着我们将其转换为十进制数字，最后 10 000 个十进制数字被统计
起来在大的十进制空间上，计算数值统计分布特性。

（1）满足正态分布的样本扩散情况

测试样本满足正态统计分布特性，图 4-28(a)和图 4-28(b)分别展示了扩散前后
10 000 个样本的统计分布特性，其中 X 轴表示样本数值分布空间，Y 轴表示样本数量。
显然图 4-28(a)中扩散前的样本满足正态统计分布特性，样本集中在一个小的数值范围
内，约为 $1.8×10^9 \sim 2.6×10^9$，任意两个样本之间不同比特位的数量（海明距离）较小，这
就增加了不同样本之间碰撞的可能性，即当环境变化时，不同样本之间出现重复的概率

增大;而图 4-28(b)中扩散后的样本满足均匀统计分布特性,样本数字均匀分布在大的数值空间里,数值范围约为 $0\sim4.2\times10^9$,任意两个样本之间不同比特位的数量(海明距离)增大,从而减小了不同样本之间碰撞的可能性,即当环境变化时,不同样本之间出现重复的概率极低,对应 PUF 就具有更好的唯一性。

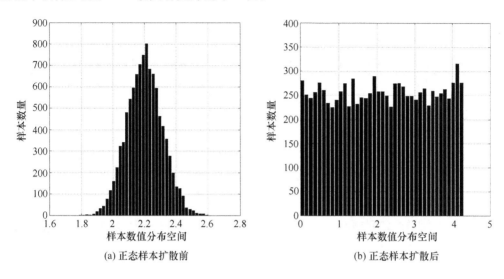

图 4-28 满足正态分布的样本扩散前后的数值统计分布特性图(三)

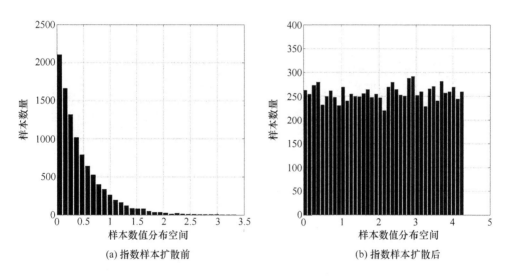

图 4-29 满足指数分布的样本扩散前后的数值统计分布特性图(三)

(2) 满足指数分布的样本扩散情况

测试样本满足指数统计分布特性,图 4-29(a)和图 4-29(b)分别展示了扩散前后 10 000 个样本的统计分布特性,其中 X 轴表示样本数值分布空间,Y 轴表示样本数量。显然图 4-29(a)中扩散前的样本满足指数统计分布特性,样本集中在一个小的数值范围内,约为 $0\sim2.5\times10^9$,任意两个样本之间不同比特位的数量(海明距离)较小,这就增加了不同样本之间碰撞的可能性,即当环境变化时,不同样本之间出现重复的概率增大;而图 4-29(b)中扩散后的样本满足均匀统计分布特性,样本数字均匀分布在大的数值空间里,数值范围约为 $0\sim4.2\times10^9$,任意两个样本之间不同比特位的数量(海明距离)增大,从而减小了不同样本之间碰撞的可能性,即当环境变化时,不同样本之间出现重复的概率极低,对应 PUF 就具有更好的唯一性。

(3) 满足均匀分布的样本扩散情况

测试样本满足均匀统计分布特性,图 4-30(a)和图 4-30(b)分别展示了扩散前后 10 000 个样本的统计分布特性,其中 X 轴表示样本数值分布空间,Y 轴表示样本数量。显然图 4-30(a)中扩散前的样本满足均匀统计分布特性,样本集中在一个小的数值范围内,约为 $0\sim2.6\times10^8$,任意两个样本之间不同比特位的数量(海明距离)较小,这就增加了不同样本之间碰撞的可能性,即当环境变化时,不同样本之间出现重复的概率增大;而图 4-30(b)中扩散后的样本满足均匀统计分布特性,样本数字均匀分布在大的数值空间里,数值范围约为 $0\sim4.2\times10^9$,任意两个样本之间不同比特位的数量(海明距离)增大,从而减小了不同样本之间碰撞的可能性,即当环境变化时,不同样本之间出现重复的概率极低,对应 PUF 就具有更好的唯一性。

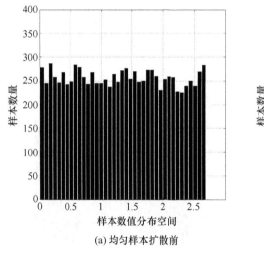

(a) 均匀样本扩散前

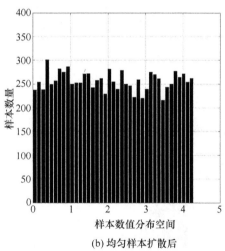

(b) 均匀样本扩散后

图 4-30 满足均匀分布的样本扩散前后的数值统计分布特性图(三)

通过仿真测试可知,满足正态分布、指数分布和均匀分布的三种类型样本,经过扩散算法三扩散后都在大的数值空间范围内满足均匀统计分布特性,扩散后样本的海明距离较大,样本间重复概率急剧下降,对应 PUF 具有很好的唯一性。

总之,本节引入的三种扩散算法对正态分布、指数分布和均匀分布等不同类型的样本均表现出较好的散列特性,扩散后的样本都在大的数值空间范围内满足均匀统计分布特性,扩散后样本的海明距离较大,当环境(温度、电源电压、湿度等)条件发生变化时,样本之间碰撞的可能性较低。换句话说,三种扩散算法均可以对举手表决机制生成的稳定ID进行良好的扩散,使得扩散后的ID在较大的数值空间满足均匀分布的统计特征,减小ID重复的概率,提高PUF的唯一性。但是扩散算法一扩散前后的ID存在严格的一一对应关系,也就是说扩散前重复的ID在扩散后依然重复,无法真正解决ID重复的问题,扩散算法二在扩散算法一的基础上,通过增加变化因素,打破原来ID之间的严格对应关系,使得扩散前重复的ID在扩散后变成不同的ID,有效降低了ID重复的概率,然而扩散算法二需要工艺敏感电路产生额外的随机物理数据源,工艺敏感电路的面积开销增大,并且算法控制逻辑复杂度变大。针对扩散算法一与扩散算法二存在的不足,结合两种算法的结构特点,提出了扩散算法三,它在保证散列性能的情况下,具有更简单的实现逻辑,设计复杂度与面积开销极大降低,因此本书PUF设计实例均采用扩散算法三散列原始ID,增强PUF的唯一性。

4.3　安全性增强技术——特殊的布局布线策略

本节主要针对加密系统中密钥的生成和存储的技术需求,研究PUF关键设计技术,实现密钥的安全生成和存储。传统的密钥一般被存储于如ROM等非易失介质中,但是这种方式很不安全,通过版图反向工程和微探测技术等物理攻击方式很容易获取非易失介质中的密钥,从而破解整个加密系统。因此,亟需一种新型的安全的密钥生成存储技术。

我们研究的PUF正是这样一种新型的、安全的密钥生成电路。通过版图对称布局和顶层S型网格布线技术可以有效地抵抗版图方反向工程和微探测技术等物理攻击,抵御PUF产生的密钥被窃取,实现密钥的安全生成和存储。

4.3.1　对称布局等长布线技术

版图反向工程是一种常见的通过光学成像重构版图结构的物理攻击方式。其主要过程为:首先揭去芯片封装,然后通过氢氟酸去除芯片的各覆盖层,接着通过化学试剂逐层染色并利用光学成像系统拍照形成芯片不同结构层次的光学照片,最后通过对各层照片的分析获得芯片完整的电路与版图结构。非易失介质ROM中的数据存储在扩散层,通过对扩散层光学成像,然后根据扩散层的光学照片很容易辨认出ROM的内容。传统的密钥生成方法一般是将密钥存储于如ROM等非易失介质中,更准确地说密钥信息是存储于扩散层,攻击者利用版图反向工程技术对ROM各层分别成像,然后通过对扩散层光学照片进行分析,就可以获取ROM中的密钥信息,从而破坏整个加解密系统。

在PUF电路中,N个工艺敏感电路在片上对称设计实现,每个工艺敏感电路一般是由两个一致的PUF单元组成,在制造时由于工艺的偏差,即使两个设计一致的PUF单元也会表现出轻微不同的物理特性,因此每个工艺敏感电路能够产生轻微不同的物理特征信号(延时或者分压等),通过比较两个不同的物理特征信号就能够产生稳定的 ID 比特输出。所有的工艺敏感电路版图实现都采取对称布局,电路之间连线保持等长,也就说同一个工艺敏感电路中两个一致性的 PUF 单元版图需要采用对称布局,相同节点的连线需要对称等长,不同工艺敏感电路顺序排列,如图 4-31 所示。即使通过反向工程获取了 PUF 的各层版图光学照片,但是看到的工艺敏感电路中的 PUF 单元是完全对称,电路节点间连线是对称等长的,所以也很难分析出设计一致的 PUF 单元的轻微不同的物理特性,比较获得密钥 ID。这样就有效地防止版图反向工程的物理攻击,保证了 PUF 产生的密钥的安全性。

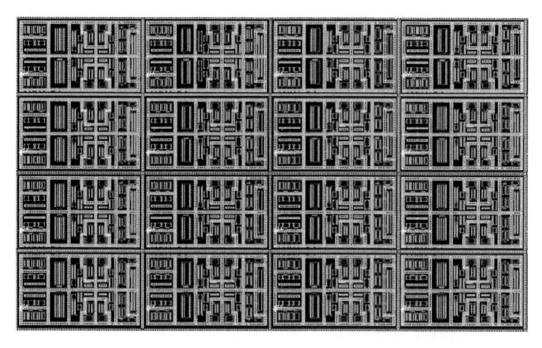

图 4-31　工艺敏感电路对称布局图

4.3.2　顶层 S 型网格布线技术

微探测技术是一种利用探针读取电路节点信号的物理攻击方式。其主要过程为:首先揭去芯片封装,然后通过氢氟酸去除芯片的各覆盖层,接着采用 FIB 的方式从顶层开孔至低层的信号节点处,并且通过填充金属介质将节点信号线引到顶层,并在顶层制作探测焊盘,最后利用微探针通过探测焊盘探测读取底层节点信号值。在数据加密过程中,需要通过总线读取非易失介质 ROM 中所存的密钥,然后结合加密算法对明文进行加密,因此,利用微探测技术监听总线上的信号就可以获取密钥。

对于基于延迟单元的 PUF 电路,将基于延迟单元的工艺敏感电路与时间偏差放大电路之间连线采用顶层对称等长金属线实现,并按照 S 型网格方式布线,覆盖到所有电路的上面;对于基于分压单元的 PUF 电路,将模拟 $N\times1$ 数据选择器与电压偏差放大电路之间连线采用顶层对称等长金属线实现,并按照 S 型网格方式布线,覆盖到所有电路的上面。S 型网格方式布线如图 4-32 所示,两根连线对称等长,呈 S 型走线,下一层的连线采用同样方式布线,但是下层 S 型走线方向与上层垂直,不同层间 S 型走线方向相互垂直,从而形成网格状,所有的电路被埋在 S 型网格金属连线下面,有效地抵抗了微探测技术对底层电路信号的读取。在 $0.18\mu m$ CMOS 工艺下,总共可制造 6 层金属层,我们采用顶层三层金属实现 S 型网格,最顶层金属线采用 0.44 μm 的最优宽度,金属间距同样采用 0.44 μm 最小值,底层金属线的宽度与间距均采用工艺要求最小值 0.28 μm。如果需要通过微探测技术读取 PUF 芯片总线节点处信号,如上所述必须首先采用 FIB 的方式从顶层开孔至低层的总线节点连线处,然后通过填充金属介质将总线信号引到顶层,并在顶层制作探测焊盘,最后利用微探针通过探测焊盘探测读取总线信号值。探测焊盘直径尺寸需要大于微探针探头的直径尺寸,才能够保证微探针准确探测到总线信号,否则微探针无法准确探测到信号,甚至会引起顶层金属线短路导致读出信号错误。一般探测焊盘的直径尺寸最小 5~10 μm,显然在 S 型网格布线条件下,在芯片顶层很难制作出即使最小尺寸的焊盘,否则一定与顶层 S 型金属走线短路,影响探测信号的准确性。另外在 FIB 方式下普通的开孔直径为 2~3 μm,最小的直径为 0.5 μm,如图 4-32 所示,即使 FIB 采用最小直径尺寸开孔,通过填充金属介质引到顶层的信号线必然和 S 型

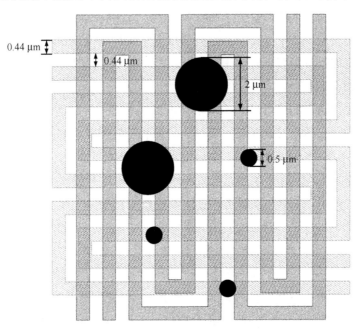

图 4-32　S 型网格方式布线图

金属网格线短路,即内部读出总线与 PUF 工艺敏感电路或者模拟 $N×1$ 数据选择器和偏差放大电路之间连线短路,这样就会导致 PUF 电路工作出错,产生错误的密钥,自然通过总线读取的密钥信息也就不准确了。换句话说,在顶层 S 型金属网格线的保护下,通过微探测技术不可能获得 PUF 生成的正确的密钥。

总之,采用对称布局和顶层 S 型网格布线技术加固后的 PUF 是一种新型的安全的密钥生成电路技术。通过对 PUF 工艺敏感电路采用对称布局等长走线的版图设计技术,可以有效地抵御版图反向工程的物理攻击;通过采用顶层金属 S 型网格布线技术,可以有效地抵抗微探测技术物理攻击。因此,加固后的 PUF 产生的密钥很难通过版图反向工程与微探测技术等物理攻击方式被窃取,从而实现密钥的安全生成和存储。

4.4 本 章 小 结

为了进一步提高 PUF 的稳定性,本章提出了一种新型的举手表决机制电路,通过对偏差比较器的输出进行多次采样,按照样本的 0/1 分布概率判决输出稳定的 ID。本章首先通过对举手表决机制进行理论分析,提出采样次数、判决算法和比较阈值三个因素决定举手表决机制生成稳定 ID 的能力;然后分析新型举手表决机制电路的各个实现模块的具体功能和电路结构,以及举手表决机制的整体工作过程和接口信号时序;最后在不同组合条件下,分别对包含举手表决机制的 PUF 进行 Monte Carlo 分析,统计 PUF 的 ID 稳定性,通过比较选择最优的采样次数、比较阈值和判决算法组合,使得 PUF 生成 ID 的稳定性近似为 100%。同时,仿真结果表明,相对于传统的表决电路,本章提出的新型举手表决机制电路具有更强的稳定 ID 生成能力,当电源电压随机抖动时,包含新型举手表决机制电路的 PUF 生成 ID 的稳定性近似为 100%。

为了进一步提高 PUF 的唯一性,本章提出了三种新型的扩散算法,将举手表决机制生成的稳定 ID 进行扩散,使得扩散后的 ID 在一个大的统计空间内满足均匀分布,增大 ID 之间的海明距离,减小碰撞的概率,增强 PUF 的唯一性。文中详细地分析了三种算法的设计原理和电路结构,同时在 MATLAB 环境下实现三种扩散算法,并分别对满足正态分布、指数分布和均匀分布的三种类型样本进行扩散仿真。实验结果表明:无论选择何种类型的样本,经过三种算法扩散后的样本在大的数值空间范围内都满足均匀统计分布特性。另外,通过对三种算法的优劣势进行比较分析,选择算法三作为本书 PUF 设计实例的扩散算法,增强 PUF 的唯一性。

针对安全密钥的生成和存储的需求,本章提出了基于 PUF 结构的安全密钥生成存储技术,通过有效的技术手段保证 PUF 可以抵抗常见的物理攻击,实现密钥的安全生成和存储;针对版图反向工程的物理攻击方式,采用对称布局和等长走线的版图实现策略,提高 PUF 的安全性;针对微探测技术的物理攻击方式,提出顶层 S 型网格布线方案,有效地抵抗攻击。总之,由于采用对称的版图布局和特殊的顶层布线技术,基于 PUF 结构的密钥生成电路能够有效地抵抗版图反向工程和微探测技术等物理攻击,保证 PUF 生成密钥 ID 的安全性。

第5章　PUF芯片实现与评测

在 0.18μm CMOS 工艺下,我们分别设计实现了四种类型的 PUF,即基于电流饥饿型延迟单元的 PUF、基于晶闸管型延迟单元的 PUF[115]、基于电阻-二极管型分压单元的 PUF[116] 和基于纯电阻桥式网络型分压单元的 PUF。针对每一个类型的 PUF,我们详细分析电路实现结构和版图布局,并且通过仿真总结每种 PUF 的速度、功耗、工作电压与温度范围等性能参数,同时基于统计的方法分析每种 PUF 的唯一性和稳定性。最后通过对四种类型 PUF 各种性能参数的比较,选择出最优的 PUF 设计。

5.1　基于电流饥饿型延迟单元的 PUF 实现

在 0.18μm CMOS 工艺下设计基于电流饥饿型延迟单元的 PUF(CSDE-based PUF),它包含 32 个基于电流饥饿型延迟单元的工艺敏感电路(CSDE-based Sensor)、时间偏差放大电路(TDA)、时间偏差比较电路(Time Difference Comparator)、表决机制电路(Voting Mechanism)和扩散算法电路(Diffusion Algorithm),32 个基于电流饥饿型延迟单元的工艺敏感电路的输出 O1 与 O2 分别连接在一起,PUF 主要被用来产生 32 位的 ID。CSDE-based PUF 的整体实现结构及各个模块电路实现如图 5-1 所示。基于电流饥饿型延迟单元的工艺敏感电路、时间偏差放大电路和时间偏差比较电路采用全定制设计方法,而表决机制电路和扩散算法电路采用半定制设计方法,根据表决机制与扩散算法的实现结构,采用硬件描述语言定义其逻辑处理过程,并利用 EDA 工具自动综合和布局布线生成版图。CSDE-based PUF 的整体版图布局如图 5-2(a)所示,各个模块版图均采用对应命名标示。圆圈部分是匹配的基于电流饥饿型延迟单元的工艺敏感电路,用来消除其他工艺敏感电路之间的不连续性。另外,基于电流饥饿型延迟单元的工艺敏感电路和时间偏差放大电路之间的连线按照 S 型网格方式布线覆盖于所有电路的顶层,如图 5-2(b)所示,有效地防止攻击者进行有用信号的探测攻击。

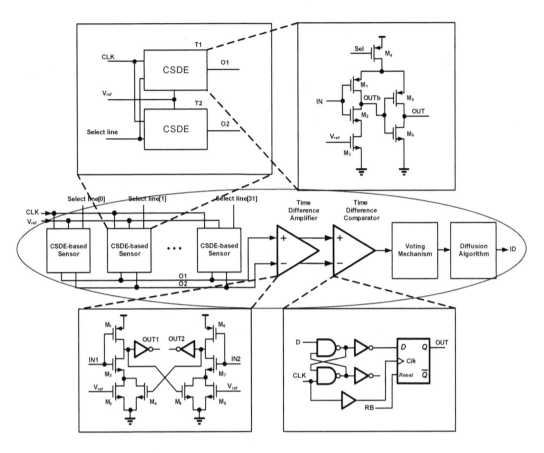

图 5-1　CSDE-based PUF 整体结构图

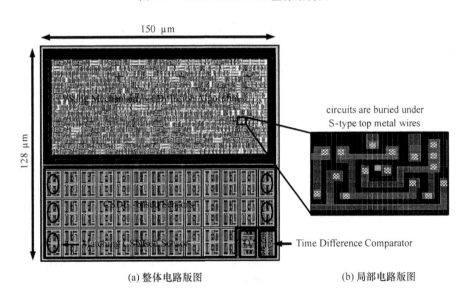

(a) 整体电路版图　　　　　　　　　(b) 局部电路版图

图 5-2　CSDE-based PUF 版图

5.1.1 面积、功耗和速度分析

整个 PUF 芯片的面积是 $128 \times 150 \ \mu m^2$，表 5-1 总结了 PUF 各个组成部件的面积，单个基于电流饥饿型延迟单元的工艺敏感电路(CSDE-based Sensor)的面积是 $225 \ \mu m^2$，表决机制电路(Voting Mechanism)与扩散算法电路(Diffusion Algorithm)的总面积约占整个 PUF 芯片面积的一半，平均产生每位 ID 比特消耗的面积是 $600 \ \mu m^2$。

经过仿真可知,CSDE-based PUF 在电源电压从 1.7 V 到 1.9 V 变化和温度从 −40 ℃到 100 ℃变化的条件下,能够稳定工作产生 32 位 ID,输出具有 1 Mbit/s 的吞吐率。在电源电压为 1.8 V,温度为 30 ℃的条件下,当芯片处于正常工作模式时,消耗的功率为 390 μW;当芯片处于睡眠模式时,消耗的功率仅为 140 nW。表 5-2 总结了 CSDE-based PUF 芯片各个性能参数的仿真结果。

表 5-1 CSDE-based PUF 各个组成部件面积

部件	面积/μm^2
基于电流饥饿型延迟单元的工艺敏感电路(CSDE-based Sensner)	225
时间偏差放大电路(Time Difference Amplifier)	180
时间偏差比较电路(Time Difference Comparator)	180
表决机制电路与扩散算法电路(Voting Me chanism＋Diffusion Algorithm)	10 500

表 5-2 CSDE-based PUF 芯片各个性能参数值

工艺	$0.18\mu m$ CMOS 工艺
面积	19 200 μm^2
电源电压	1.7～1.9 V
温度	−40～100 ℃
静态功耗@1.8 V, 30 ℃	140 nW
动态功耗@1.8 V, 30 ℃	390 μW
吞吐率	1 Mbit/s

表 5-3 对 CSDE-based PUF 和现有 PUF 的各种性能参数进行了比较。很显然各种类型 PUF 在速度、面积开销方面很接近,其中参考文献[17]中的 PUF 产生 ID 比特速度最快,为 5 Mbit/s,同时这种类型 PUF 的面积开销最小,为 4 000 μm^2,但是各种类型 PUF 的功耗性能相差较大,其中参考文献[68]中的 Symmetric-based PUF 的功耗性能最优,为 0.93 μW。相比于其他 PUF 而言,CSDE-based PUF 具有较大的功耗开销。其原因在于它增加了时间偏差放大电路、举手表决机制和扩散算法部件,整个 PUF 功耗明显增高。尽管 CSDE-based PUF 功耗开销相对较大,但是相比于其他 PUF,它具有更好的唯一性和稳定性。因此仍然是一种非常实用的 PUF。

表 5-3　CSDE-based PUF 与已有 PUF 的性能参数比较

PUF	工艺/μm	速度/(Mbit·s^{-1})	功耗/μW	面积/μm^2
Symmetric[68]	0.13	1	0.93	15 288
Common-Centroid[68]	0.13	1	1.6	25 903
[16]	0.35	1.5	250	23 436
[17]	0.13	5	120	4 000
CSDE-based	0.18	1	390	19 200

注：[68][16][17]表示该参考文献中的 PUF。

5.1.2　唯一性分析

唯一性是指 PUF 电路能够产生独立的、不重复的 ID 的能力。唯一性越好，PUF 能够生成的独立的不重复的 ID 就越多。同样的 PUF 设计，由于工艺的偏差不一致，不同的 PUF 芯片就会生成不同的 ID。为了说明 CSDE-based PUF 唯一性的好坏，我们在 0.18μm CMOS 工艺下，电源电压从 1.7V 到 1.9V 变化和温度从 −40 ℃到 100 ℃变化的仿真条件下，对 CSDE-based PUF 进行 10 000 轮的 Monte Carlo 分析，比较每个 PUF 实例生成的 ID 的数值统计分布特性和海明距离分布特性。

在仿真中，一组 32 个不同的激励被应用到每一个 PUF 实例，用来产生 32 位的 ID。经过仿真，其中 9 785 个实例能够在温度和电源电压变化的条件下生成稳定的 ID，另外在 9 785 个实例中 ID 出现重复的概率是 0.36%，也就是说约有 35 个 ID 同其他 ID 是重复的。因此大约有 9 750 个实例可以产生不同的稳定的 32 位 ID。

每个 ID 是一个唯一的 32 位二进制数字，我们将其转换为十进制数字，然后 9 750 个十进制数字被统计起来在大的十进制空间上，计算数值统计分布特性。图 5-3(a)和图 5-3(b)分别展示了扩散前后 9 750 个 ID 的数值统计分布特性。显然图 5-3(a)中的扩散前的 ID 满足正态统计分布特性，ID 数字集中在一个小的数值范围内，约为 $1.8\times10^9\sim2.6\times10^9$，任意两个 ID 之间的不同位数较小，这就增加了不同 ID 之间碰撞的可能性，即当环境变化时，不同 ID 之间出现重复的概率增大；而图 5-3(b)中的扩散后的 ID 满足均匀统计分布特性，ID 数字均匀分布在大的数值空间里，数值范围约为 $0\sim4.2\times10^9$，任意两个 ID 之间不同位数较大，从而减小了不同 ID 之间碰撞的可能性，即当环境变化时，不同 ID 之间出现重复的概率极低。因此 CSDE-based PUF 在包含扩散算法的情况下，生成的 ID 均匀分布在大的数值空间范围内，具有更好的唯一性。

海明距离是指任何两个 ID 数字之间不同的二进制比特的数量。图 5-4(b)展示了 9 750 个包含扩散算法的 CSDE-based PUF 芯片生成的 ID 的海明距离分布特性图，同时为了便于比较，图 5-4(a)展示了未包含扩散算法的 CSDE-based PUF 芯片生成 ID 的海明距离统计分布图。另外在图中通过计算分别给出了统计分布的平均值和标准方差值。

显然相比于未包含扩散算法的 CSDE-based PUF 的海明距离统计分布平均值 13.837,包含扩散算法的 CSDE-based PUF 的海明距离统计分布的平均值为 16.024,更接近于不具有相关特性的 PUF 的海明距离分布理想平均值 16。另外相比于未包含扩散算法的 CSDE-based PUF 的海明距离统计分布标准方差值 3.203,包含扩散算法的 CSDE-based PUF 的海明距离统计分布的标准方差值更大,为 4.016。通常来讲,统计分布的宽度正比于其标准方差值,也就是说标准方差值越大,统计分布的宽度也越大。因此,包含扩散算法的 CSDE-based PUF 的海明距离统计分布具有更大的宽度,这意味着包含扩散算法的 CSDE-based PUF 生成的不同 ID 之间存在更多的不同的二进制比特位,当环境变化时,不同 ID 之间碰撞的可能性小,出现重复的概率低,故包含扩散算法的 CSDE-based PUF 就具有更好的唯一性。

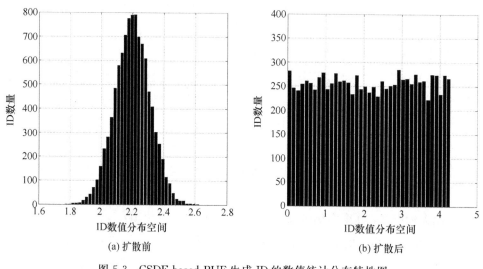

(a) 扩散前   (b) 扩散后

图 5-3 CSDE-based PUF 生成 ID 的数值统计分布特性图

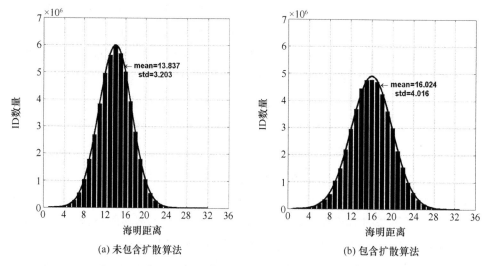

(a) 未包含扩散算法   (b) 包含扩散算法

图 5-4 CSDE-based PUF 生成 ID 的海明距离分布特性图

5.1.3　稳定性分析

稳定性是指 PUF 电路在变化的环境条件下能够产生稳定不变的 ID 的能力。为了评估 CSDE-based PUF 的稳定性,我们在 $0.18\mu m$ CMOS 工艺下,电源电压从 1.7 V 到 1.9 V 变化和温度从 -40 ℃到 100 ℃变化的仿真条件下,对 CSDE-based PUF 进行 10 000 轮的 Monte Carlo 分析,即分别对 10 000 个 CSDE-based PUF 实例在变化的电源电压和温度条件下进行仿真。基于对仿真结果的统计分析,我们首先分别在温度和电源电压变化条件下比较包含时间偏差放大电路和未包含时间偏差放大电路两种 CSDE-based PUF 的稳定性,证明引入时间偏差放大电路可以极大地改善 PUF 的稳定性;然后同其他 PUF 设计在相同的温度和电源电压变化范围内进行稳定性比较,说明 CSDE-based PUF 具有更高的稳定性;最后分析举手表决前后 PUF 芯片的稳定性,说明引入举手表决机制能够进一步提高 PUF 的稳定性,同时与包含其他稳定性增强机制的 PUF 设计比较稳定性,证明举手表决机制的优越性。

1. 温度变化

在电源电压为 1.8 V 条件下,10 000 个实例分别在温度从 -40 ℃到 100 ℃变化的范围内进行仿真。图 5-5 比较了包含时间偏差放大电路和未包含时间偏差放大电路两种 CSDE-based PUF 在不同温度条件下的稳定性,其中 X 轴表示温度变化,Y 轴表示 PUF 芯片产生 ID 的稳定性。通过对图 5-5 分析可知:

(1) 在室温下,两种 CSDE-based PUF 的稳定性均为 100%,这意味着对于同样的 PUF 实例,多次的 ID 仿真不会出现比特的翻转,即多次仿真结果一致;

(2) 当温度变化(升高或者降低)时,两种 CSDE-based PUF 的稳定性均降低;

(3) 在不同的温度条件下,包含时间偏差放大电路的 CSDE-based PUF 生成 ID 的稳定性均高于未包含时间偏差放大电路的 CSDE-based PUF,这说明由于时间偏差放大电路的引入,微弱的延时差被放大,降低了其对时间偏差比较电路的比较精度和各种噪声的敏感性,从而使得时间偏差比较电路能够产生更加稳定的输出,即提高了整个 PUF 的稳定性;

(4) 当温度为 100 ℃时,两种 CSDE-based PUF 的稳定性都最差,包含时间偏差放大电路的 CSDE-based PUF 的稳定性为 97.8%,而未包含时间偏差放大电路的 CSDE-based PUF 的稳定性只有 92.5%,包含时间偏差放大电路的 CSDE-based PUF 的稳定性较未包含时间偏差放大电路的 CSDE-based PUF 的稳定性提高了 5.3 个百分点,同样说明引入时间偏差放大电路的 CSDE-based PUF 产生 ID 的稳定性更高。

总之,通过比较分析可得,包含时间偏差放大电路的 CSDE-based PUF 在温度变化的条件下,具有更好的稳定性。

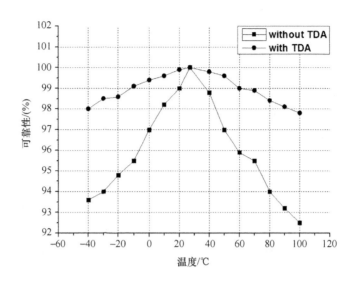

图 5-5　包含时间偏差放大电路和未包含时间偏差放大电路两种 CSDE-based PUF
在不同温度条件下的稳定性对比图

2. 电源电压变化

在温度为 30 ℃条件下,10 000 个实例分别在电源电压从 1. 7 V 到 1. 9 V 变化的范围
内进行仿真。图 5-6 比较了包含时间偏差放大电路和未包含时间偏差放大电路两种
CSDE-based PUF 在不同电源电压条件下的稳定性,其中 X 轴表示电源电压的变化,Y
轴表示 PUF 芯片产生 ID 的稳定性。通过对图 5-6 分析可知:

(1) 在正常工作电源电压 1. 8 V 条件下,两种 CSDE-based PUF 的稳定性均为
100%,这意味着对于同样的 PUF 实例,多次的 ID 仿真不会出现比特的翻转,即多次仿
真结果一致;

(2) 当电源电压变化(增大或者减小)时,两种 CSDE-based PUF 的稳定性均降低;

(3) 在不同的电源电压条件下,包含时间偏差放大电路的 CSDE-based PUF 生成 ID
的稳定性均高于未包含时间偏差放大电路的 CSDE-based PUF,这说明由于时间偏差放
大电路的引入,微弱的延时差被放大,降低了其对时间偏差比较电路的比较精度和各种
噪声的敏感性,当电源电压变化时,放大后的延时差足以保证时间偏差比较电路能够产
生稳定的输出,从而提高了整个 PUF 的稳定性;

(4) 当电源电压为 1. 9 V 时,两种 CSDE-based PUF 的稳定性都最差,包含时间偏差
放大电路的 CSDE-based PUF 的稳定性为 95. 4%,而未包含时间偏差放大电路的 CSDE-
based PUF 的稳定性只有 88. 2%,包含时间偏差放大电路的 CSDE-based PUF 的稳定性
较未包含时间偏差放大电路的 CSDE-based PUF 的稳定性提高了 7. 2 个百分点,同样说
明引入时间偏差放大电路的 CSDE-based PUF 产生 ID 的稳定性更高。

　　总之,通过比较分析可得,包含时间偏差放大电路的 CSDE-based PUF 在电源电压变化的条件下,具有更好的稳定性。

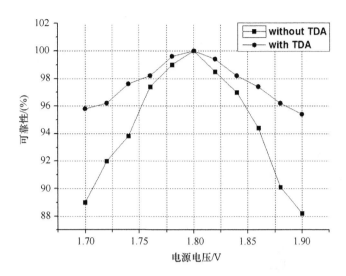

图 5-6　包含时间偏差放大电路和未包含时间偏差放大电路两种 CSDE-based PUF
在不同电源电压条件下的稳定性对比图

3. 各种 PUF 结构的稳定性比较

　　为了进一步说明 CSDE-based PUF 的稳定性,我们需要同其他 PUF 结构的稳定性进行比较。根据参考文献[44][45][68][76]中 PUF 结构,我们在同样的 $0.18\mu m$ CMOS 工艺下分别实现了基于判决器的 PUF、基于环路振荡器的 PUF、基于 SRAM 单元的 PUF 和两种基于敏感放大器单元的 PUF(LS-SA 和 SA-SA),同时在 $0.18\mu m$ CMOS 工艺下,电源电压从 1.7 V 到 1.9 V 变化和温度从 -40 ℃到 100 ℃变化的仿真条件下,分别对每一种 PUF 进行 10 000 轮的 Monte Carlo 分析。通过对仿真结果的统计分析,可得各种 PUF 的在温度和电源电压变化条件下的稳定性。为了便于比较,我们采用 ID 错误率的概念来解释稳定性,ID 错误率是指在环境条件变化情况下 ID 比特出错的概率,ID 错误率越大,稳定性越低。图 5-7 分别展示了各种 PUF 在温度和电源电压变化条件下的 ID 错误率。其中黑色柱代表当温度为 30 ℃、电源电压在 1.7～1.9 V 范围内变化时 PUF 的 ID 错误率,白色柱代表当电源电压为 1.8 V、温度在 -40～100 ℃范围内变化时 PUF 的 ID 错误率,灰色柱则代表温度和电源电压同时变化时 PUF 的 ID 错误率。由图 5-7 分析可知:

　　(1)当温度为 30 ℃、电源电压在 1.7～1.9 V 范围内变化时,基于判决器的 PUF 的 ID 错误率最高,约为 18%,基于 SRAM 单元的 PUF 的 ID 错误率最低,约为 2.5%,比其他 PUF 结构低 1.9～7.2 倍;

（2）当电源电压为1.8 V、温度在－40～100 ℃范围内变化时，基于判决器的PUF的ID错误率最高，约为15％，CSDE-based PUF的ID错误率最低，约为2.5％，比其他PUF结构低2.2～6倍；

（3）当温度在－40～100 ℃范围内、电源电压在1.7～1.9 V范围内同时变化时，不同类型的PUF的ID错误率均高于温度为30 ℃保持不变、仅电源电压在1.7～1.9 V范围内变化和电源电压为1.8 V保持不变、仅温度在－40～100 ℃范围内变化情况下的ID错误率，也不是两种情况下ID错误率的简单叠加；

（4）当温度和电源电压同时变化时，基于判决器的PUF的ID错误率最高，约为21.8％，CSDE-based PUF的ID错误率最低，约为5.2％，比其他PUF结构的低1.4～4.2倍。这说明CSDE-based PUF具有更高的稳定性。

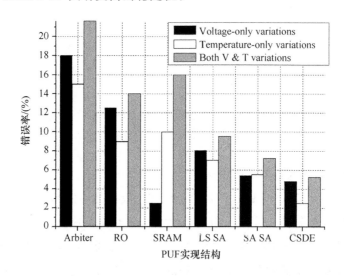

图5-7　在温度和电源电压变化条件下CSDE-based PUF
与其他参考PUF结构的ID错误率的比较图

4. 通过举手表决提高稳定性

在电源电压存在±0.1 V的波动条件下，10 000个CSDE-based PUF实例分别在温度从－40 ℃到100 ℃变化的范围内进行仿真。结果表明，举手表决前PUF输出ID的稳定性为94.8％，而在经过举手表决后PUF输出ID的稳定性提高到97.5％。这意味着包含举手表决机制的CSDE-based PUF具有更好的稳定性。表5-4比较了包含各种不同稳定性增强机制的PUF电路的ID错误率。分析可知，参考文献[85]中的PUF具有最低的ID错误率，为2％，然而其工作温度范围较小，产生的ID长度仅为16位。参考文献[130]中的PUF工作温度范围最大，能够在－40～120 ℃的温度范围内产生32位长度的ID，然而其错误率也最高，为4.2％。相比于其他PUF而言，CSDE-based PUF在大的温度变化范围内（－40～100 ℃）具有相对较低的错误率，为2.5％；同时虽然CSDE-based PUF

的 ID 错误率略高于参考文献[85]对应的 PUF 的 ID 错误率,但是 CSDE-based PUF 能够在更大温度范围内产生 32 位长度的稳定 ID,相对于参考文献[85]中 PUF 生成的 16位 ID,长度增加了一倍。

表 5-4　CSDE-based PUF 与其他包含不同稳定性增强机制的 PUF 的错误率比较

PUF	温度/℃	电源电压/V	ID 长度	错误率
[85]	−10～75	n/a	16	2%
[86]	15～65	0.9～1.1	32	3%
[130]	−40～120	0.9～1.1	32	4.2%
[131]	25～85	0.8～1.0	32	2.8%
CSDE-based	−40～100	1.7～1.9	32	2.5%

注:[85][86][130][131]表示该参考文献中的 PUF。

5.2　基于晶闸管型延迟单元的 PUF 实现

在 $0.18\mu m$ CMOS 工艺下设计基于晶闸管型延迟单元的 PUF(Thyristor-based PUF),它包含 16 个基于晶闸管型延迟单元的工艺敏感电路(Thyristor-based Sensor)、时间偏差放大电路(TDA)、时间偏差比较电路(Time Difference Comparator)、表决机制电路(Voting Mechanism)和扩散算法电路(Diffusion Algorithm),16 个基于晶闸管型延迟单元的工艺敏感电路的输出 O1 与 O2 分别连接在一起,PUF 主要被用来产生 32 位的 ID。Thyristor-based PUF 的整体实现结构及各个模块电路实现如图 5-8 所示。基于晶闸管型延迟单元的工艺敏感电路、时间偏差放大电路和时间偏差比较电路采用全定制设计方法,而表决机制电路和扩散算法电路采用半定制设计方法,根据表决机制与扩散算法的实现结构,采用硬件描述语言定义其逻辑处理过程,并利用 EDA 工具自动综合和布局布线生成版图。Thyristor-based PUF 的整体版图布局如图 5-9(a)所示,各个模块版图均采用对应命名标示。圆圈部分是匹配的基于晶闸管型延迟单元的工艺敏感电路,用来消除其他工艺敏感电路之间的不连续性。另外,基于晶闸管型延迟单元的工艺敏感电路和时间偏差放大电路之间的连线按照 S 型网格方式布线覆盖于所有电路的顶层,如图5-9(b)所示,有效地防止攻击者进行有用信号的探测攻击。

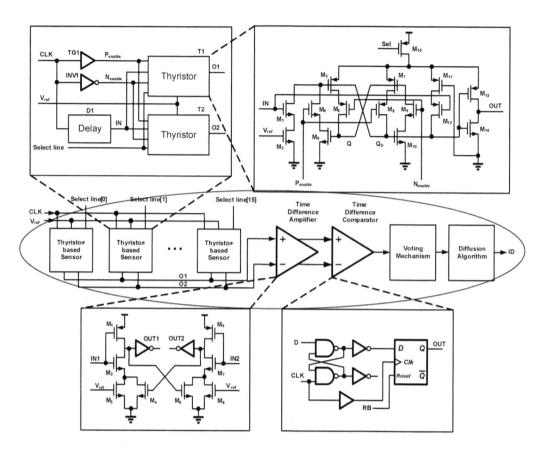

图 5-8　Thyristor-based PUF 整体结构图

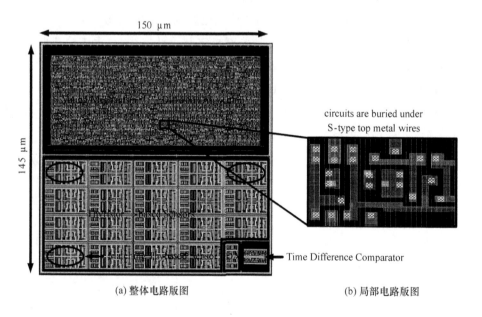

(a) 整体电路版图　　　　　　　　　(b) 局部电路版图

图 5-9　Thyristor-based PUF 版图

5.2.1 面积、功耗和速度分析

整个 PUF 芯片的面积是 $145\times150\ \mu m^2$，表 5-5 总结了 PUF 各个组成部件的面积，单个基于晶闸管型延迟单元的工艺敏感电路(Thyristor-based Sensor)的面积是 $560\ \mu m^2$，表决机制电路(Voting Mechanism)与扩散算法电路(Diffusion Algorithm)的总面积约占整个 PUF 芯片面积的一半，平均产生每位 ID 比特消耗的面积是 $680\ \mu m^2$。

表 5-5　Thyristor-based PUF 各个组成部件面积

部件	面积/μm^2
基于晶闸管型延迟单元的工艺敏感电路(Thyristor-based Sensor)	560
时间偏差放大电路(Time Difference Amplifier)	180
时间偏差比较电路(Time Difference Comparator)	360
表决机制电路与扩散算法电路(Voting Mechanism + Diffusion Algorithm)	10 500

经过仿真可知，Thyristor-based PUF 在电源电压从 1.7 V 到 1.9 V 变化和温度从 —40 ℃ 到 100 ℃ 变化的条件下，能够稳定工作产生 32 位 ID，输出具有 1 Mbit/s 的吞吐率。在电源电压为 1.8 V，温度为 30 ℃ 的条件下，当芯片处于正常工作模式时，消耗的功率为 $380\ \mu W$；当芯片处于睡眠模式时，消耗的功率仅为 120 nW。表 5-6 总结了 Thyristor-based PUF 芯片各个性能参数的仿真结果。

表 5-6　Thyristor-based PUF 芯片各个性能参数值

工艺	0.18μm CMOS 工艺
面积	21 750 μm^2
电源电压	1.7~1.9 V
温度	—40~100 ℃
静态功耗@1.8 V, 30 ℃	120 nW
动态功耗@1.8 V, 30 ℃	380 μW
吞吐率	1 Mbit/s

表 5-7 对 Thyristor-based PUF 和现有 PUF 的各种性能参数进行了比较。很显然各种类型 PUF 在速度、面积开销方面很接近，其中参考文献[17]中的 PUF 产生 ID 比特速度最快，为 5 Mbit/s，同时这种类型 PUF 的面积开销最小，为 $4\ 000\ \mu m^2$，但是各种类型 PUF 的功耗性能相差较大，其中参考文献[68]中的 Symmetric-based PUF 的功耗性能最优，为 $0.93\ \mu W$。相比于其他 PUF 而言，Thyristor-based PUF 具有较大的功耗开销。其原因在于它增加了时间偏差放大器、举手表决机制和扩散算法部件，整个 PUF 功耗明显增高。尽管 Thyristor-based PUF 功耗开销相对较大，但是相比于其他 PUF，它具有更好

的唯一性和稳定性。因此仍然是一种非常实用的 PUF。

表 5-7　Thyristor-based PUF 与已有 PUF 的性能参数比较

PUF	工艺/μm	速度/(Mbit · s^{-1})	功耗/μW	面积/μm^2
Symmetric[68]	0.13	1	0.93	15 288
Common-Centroid[68]	0.13	1	1.6	25 903
[16]	0.35	1.5	250	23 436
[17]	0.13	5	120	4 000
Thyristor-based	0.18	1	380	21 750

注：[68][16][17]表示该参考文献中的 PUF。

5.2.2　唯一性分析

为了说明 Thyristor-based PUF 唯一性的好坏，我们在 0.18μm CMOS 工艺下，温度从－40 ℃到 100 ℃变化和电源电压从 1.7 V 到 1.9 V 变化的条件下，对 Thyristor-based PUF 进行 10 000 轮的 Monte Carlo 分析，比较每个 PUF 实例生成的 ID 的数值统计分布特性和海明距离分布特性。

在仿真中，一组 32 个不同的激励被应用到每一个 PUF 实例，用来产生 32 位的 ID。经过仿真，其中 9 850 个实例能够在温度和电源电压变化的条件下生成稳定的 ID，另外在 9 850 个实例中 ID 出现重复的概率是 0.41%，也就是说约有 40 个 ID 同其他 ID 是重复的。因此大约有 9 810 个实例可以产生不同的稳定的 32 位 ID。

每个 ID 是一个唯一的 32 位二进制数字，我们将其转换为十进制数字，然后 9 810 个十进制数字被统计起来在大的十进制空间上，计算数值统计分布特性。图 5-10(a)和图 5-10(b)分别展示了扩散前后 9 810 个 ID 的数值统计分布特性。显然图 5-10(a)中扩散前的 ID 满足正态统计分布特性，ID 数字集中在一个小的数值范围内，约为 1.8×10^9～2.6×10^9，任意两个 ID 之间的不同位数较小，这就增加了不同 ID 之间碰撞的可能性，即当环境变化时，不同 ID 之间出现重复的概率增大；而图 5-10(b)中扩散后的 ID 满足均匀统计分布特性，ID 数字均匀分布在大的数值空间里，数值范围约为 0～4.2×10^9，任意两个 ID 之间不同位数较大，从而减小了不同 ID 之间碰撞的可能性，即当环境变化时，不同 ID 之间出现重复的概率极低。因此 Thyristor-based PUF 在包含扩散算法的情况下，生成的 ID 均匀分布在大的数值空间范围内，具有更好的唯一性。

海明距离是指任何两个 ID 数字之间不同的二进制比特的数量。图 5-11(b)展示了 9 810 个包含扩散算法的 Thyristor-based PUF 芯片生成的 ID 的海明距离分布特性图，同时为了便于比较，图 5-11(a)展示了未包含扩散算法的 Thyristor-based PUF 芯片生成 ID 的海明距离统计分布图。另外在图中通过计算分别给出了统计分布的平均值和标准方差值。显然相比于未包含扩散算法的 Thyristor-based PUF 的海明距离统计分布平均值 13.915，包含扩散算法的 Thyristor-based PUF 的海明距离统计分布的平均值为 16.012，

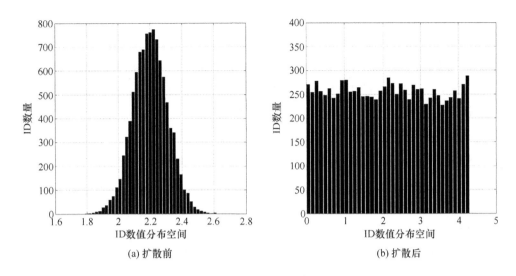

图 5-10　Thyristor-based PUF 生成 ID 的数值统计分布特性图

更接近于不具有相关特性的 PUF 的海明距离分布理想平均值 16。另外相比于未包含扩散算法的 Thyristor-based PUF 的海明距离统计分布标准方差值 3.428,包含扩散算法的 Thyristor-based PUF 的海明距离统计分布的标准方差值更大,为 4.261。通常来讲,统计分布的宽度正比于其标准方差值,也就是说标准方差值越大,统计分布的宽度也越大。因此,包含扩散算法的 Thyristor-based PUF 的海明距离统计分布具有更大的宽度,这意味着包含扩散算法的 Thyristor-based PUF 生成的不同 ID 之间存在更多的不同的二进制比特位,当环境变化时,不同 ID 之间碰撞的可能性小,出现重复的概率低,故包含扩散算法的 Thyristor-based PUF 就具有更好的唯一性。

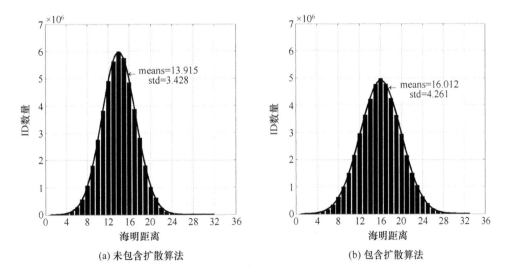

图 5-11　Thyristor-based PUF 生成 ID 的海明距离分布特性图

91

5.2.3 稳定性分析

为了评估 Thyristor-based PUF 的稳定性,我们在 0.18μm CMOS 工艺下,电源电压从 1.7 V 到 1.9 V 变化和温度从－40 ℃到 100 ℃变化的仿真条件下,对 Thyristor-based PUF 进行 10 000 轮的 Monte Carlo 分析,即分别对 10 000 个 Thyristor-based PUF 实例在变化的电源电压和温度条件下进行仿真。基于对仿真结果的统计分析,我们首先分别在温度和电源电压变化条件下比较包含时间偏差放大电路和未包含时间偏差放大电路两种 Thyristor-based PUF 的稳定性,证明引入时间偏差放大电路可以极大地改善 PUF 的稳定性;然后同其他 PUF 设计在相同的温度和电源电压变化范围内进行稳定性比较,说明 Thyristor-based PUF 具有更高的稳定性;最后分析举手表决前后 PUF 芯片的稳定性,说明引入举手表决机制能够进一步提高 PUF 的稳定性,同时与包含其他稳定性增强机制的 PUF 设计比较稳定性,证明举手表决机制的优越性。

1. 温度变化

在电源电压为 1.8 V 条件下,10 000 个实例分别在温度从－40 ℃到 100 ℃变化的范围内进行仿真。图 5-12 比较了包含时间偏差放大电路和未包含时间偏差放大电路两种 Thyristor-based PUF 在不同温度条件下的稳定性,其中 X 轴表示温度变化,Y 轴表示 PUF 芯片产生 ID 的稳定性。通过对图 5-12 分析可知:

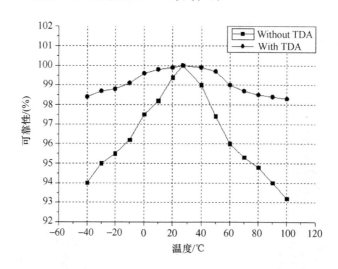

图 5-12　包含时间偏差放大电路和未包含时间偏差放大电路两种
Thyristor-based PUF 在不同温度条件下稳定性对比图

(1) 在室温下,两种 Thyristor-based PUF 的稳定性均为 100％,这意味着对于同样的 PUF 实例,多次的 ID 仿真不会出现比特的翻转,即多次仿真结果一致;

(2) 当温度变化(升高或者降低)时,两种 Thyristor-based PUF 的稳定性均降低;

（3）在不同的温度条件下，包含时间偏差放大电路的 Thyristor-based PUF 生成 ID 的稳定性均高于未包含时间偏差放大电路的 Thyristor-based PUF，这说明由于时间偏差放大电路的引入，微弱的延时差被放大，降低了其对时间偏差比较电路的比较精度和各种噪声的敏感性，从而使得时间偏差比较电路能够产生更加稳定的输出，即提高了整个 PUF 的稳定性；

（4）当温度为 100 ℃时，两种 Thyristor-based PUF 的稳定性都最差，包含时间偏差放大电路的 Thyristor-based PUF 的稳定性为 98.3%，而未包含时间偏差放大电路的 Thyristor-based PUF 的稳定性只有 93.2%，包含时间偏差放大电路的 Thyristor-based PUF 的稳定性较未包含时间偏差放大电路的 Thyristor-based PUF 的稳定性提高了 5.1 个百分点，同样说明引入时间偏差放大电路的 Thyristor-based PUF 产生 ID 的稳定性更高。

总之，通过比较分析可得，包含时间偏差放大电路的 Thyristor-based PUF 在温度变化的条件下，具有更好的稳定性。

2. 电源电压变化

在温度为 30 ℃条件下，10 000 个实例分别在电源电压从 1.7 V 到 1.9 V 变化的范围内进行仿真。图 5-13 比较了包含时间偏差放大电路和未包含时间偏差放大电路两种 Thyristor-based PUF 在不同电源电压条件下的稳定性，其中 X 轴表示电源电压的变化，Y 轴表示 PUF 芯片产生 ID 的稳定性。通过对图 5-13 分析可知：

（1）在正常工作电源电压 1.8 V 条件下，两种 Thyristor-based PUF 的稳定性均为 100%，这意味着对于同样的 PUF 实例，多次的 ID 仿真不会出现比特的翻转，即多次仿真结果一致；

（2）当电源电压变化（增大或者减小）时，两种 Thyristor-based PUF 的稳定性均降低；

（3）在不同的电源电压条件下，包含时间偏差放大电路的 Thyristor-based PUF 生成 ID 的稳定性均高于未包含时间偏差放大电路的 Thyristor-based PUF，这说明由于时间偏差放大电路的引入，微弱的延时差被放大，降低了其对时间偏差比较电路的比较精度和各种噪声的敏感性，当电源电压变化时，放大后的延时差足以保证时间偏差比较电路能够产生稳定的输出，从而提高了整个 PUF 的稳定性；

（4）当电源电压为 1.9 V 时，两种 Thyristor-based PUF 的稳定性都最差，包含时间偏差放大电路的 Thyristor-based PUF 的稳定性为 96.4%，而未包含时间偏差放大电路的 Thyristor-based PUF 的稳定性只有 90.1%，包含时间偏差放大电路的 Thyristor-based PUF 的稳定性较未包含时间偏差放大电路的 Thyristor-based PUF 的稳定性提高了 6.3 个百分点，同样说明引入时间偏差放大电路的 Thyristor-based PUF 产生 ID 的稳定性更高。

总之,通过比较分析可得,包含时间偏差放大电路的 Thyristor-based PUF 在电源电压变化的条件下,具有更好的稳定性。

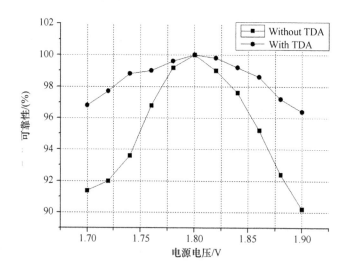

图 5-13　包含时间偏差放大电路和未包含时间偏差放大电路两种 Thyristor-based PUF
在不同电源电压条件下的稳定性对比图

3. 各种 PUF 结构的稳定性比较

为了进一步说明 Thyristor-based PUF 的稳定性,我们需要同其他 PUF 结构的稳定性进行比较。根据参考文献[44][54][68][76]中 PUF 结构,我们在同样的 0.18μm CMOS 工艺下分别实现了基于判决器的 PUF、基于环路振荡器的 PUF、基于 SRAM 单元的 PUF 和两种基于敏感放大器单元的 PUF(LS-SA 和 SA-SA),同时在 0.18μm CMOS 工艺下,电源电压从 1.7 V 到 1.9 V 变化和温度从 −40 ℃到 100 ℃变化的仿真条件下,分别对每一种 PUF 进行 1 000 轮的 Monte Carlo 分析。通过对仿真结果的统计分析,可得各种 PUF 的在温度和电源电压变化条件下的稳定性。为了便于比较,我们采用 ID 错误率的概念来解释稳定性,ID 错误率是指在环境条件变化情况下 ID 比特出错的概率,ID 错误率越大,稳定性越低。图 5-14 分别展示了各种 PUF 在温度和电源电压变化条件下的 ID 错误率。其中黑色柱代表当温度为 30 ℃、电源电压在 1.7~1.9 V 范围内变化时 PUF 的 ID 错误率,白色柱代表当电源电压为 1.8 V、温度在 −40~100 ℃范围内变化时 PUF 的 ID 错误率,灰色柱则代表温度和电源电压同时变化时 PUF 的 ID 错误率。由图 5-14 分析可知:

(1) 当温度为 30 ℃、电源电压在 1.7~1.9 V 范围内变化时,基于判决器的 PUF 的 ID 错误率最高,约为 18%,基于 SRAM 单元的 PUF 的 ID 错误率最低,约为 2.5%,比其他 PUF 结构低 1.5~7.2 倍;

(2) 当电源电压为 1.8 V、温度在 −40~100 ℃范围内变化时,基于判决器的 PUF 的

ID错误率最高,约为15%,Thyristor-based PUF的ID错误率最低,约为1.9%,比其他PUF结构低2.9～7.9倍;

（3）当温度在−40～100 ℃范围内、电源电压在1.7～1.9 V范围内同时变化时,不同类型的PUF的ID错误率均高于温度为30 ℃保持不变、仅电源电压在1.7～1.9 V范围内变化和电源电压为1.8 V保持不变、仅温度在−40～100 ℃范围内变化情况下的ID错误率,也不是两种情况下ID错误率的简单叠加;

（4）当温度和电源电压同时变化时,基于判决器的PUF的ID错误率最高,约为21.8%,Thyristor-based PUF的ID错误率最低,约为4.2%,比其他PUF结构的低1.7-5.2倍。这说明Thyristor-based PUF具有更高的稳定性。

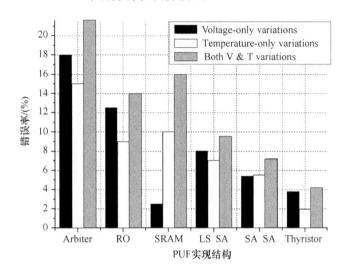

图 5-14　在温度和电源电压变化条件下 Thyristor-based PUF
与其他参考 PUF 结构的 ID 错误率比较图

4. 通过举手表决提高稳定性

进一步,在电源电压存在±0.1 V的波动条件下,10 000个Thyristor-based PUF实例分别在温度从−40 ℃到100 ℃变化的范围内进行仿真。仿真结果表明,举手表决前PUF输出ID的稳定性为95.8%,而在经过举手表决后PUF输出ID的稳定性提高到98.1%。这意味着包含举手表决机制的PUF具有更好的稳定性。表5-8比较了包含各种不同稳定性增强机制的PUF电路的ID错误率。分析可知,参考文献[85]中的PUF具有较低的ID错误率,为2%,然而其工作温度范围较小,产生的ID长度仅为16位。参考文献[130]中的PUF工作温度范围最大,能够在−40～120 ℃的温度范围内产生32位长度的ID,然而其错误率也最高,为4.2%。相比于其他PUF而言,Thyristor-based PUF在大的工作温度变化范围内(−40～100 ℃)具有最低的错误率,为1.9%;同时相对于参考文献[85]中PUF生成的16位ID,Thyristor-based PUF能够在更大的温度范围内产生 32 位长度的稳定 ID,长度增加了一倍。

表 5-8　Thyristor-based PUF 与其他包含不同稳定性增强机制的 PUF 的错误率比较

PUF	温度/℃	电源电压/V	ID 长度	错误率
[85]	−10～75	n/a	16	2%
[86]	15～65	0.9～1.1	32	3%
[130]	−40～120	0.9～1.1	32	4.2%
[131]	25～85	0.8～1.0	32	2.8%
Thyristor-based	−40～100	1.7～1.9	32	1.9%

注:[85][86][130][131]表示该参考文献中的 PUF。

5.3　基于电阻-二极管型分压单元的 PUF 实现

在 0.18μm CMOS 工艺下设计基于电阻-二极管型分压单元的 PUF(R-Diode-based PUF),它包含 64 个基于电阻-二极管型分压单元的工艺敏感电路(R-Diode-based sensor)、模拟 32×1 数据选择器(Analog 32×1 MUX)、电压偏差放大电路(Voltage Difference Amplifier)、电压偏差比较电路(Voltage Difference Comparator)、表决机制电路(Voting Mechanism)和扩散算法电路(Diffusion Algorithm),64 个基于晶闸管型延迟单元的工艺敏感电路分成 32 组,每组包含对称设计的 2 个基于晶闸管型延迟单元的工艺敏感电路,每组中的一个工艺敏感电路的输出依次接入第一个模拟 32×1 数据选择器,另外一个工艺敏感电路的输出依次接入第二个模拟 32×1 数据选择器,PUF 主要被用来产生 32 位的 ID。R-Diode-based PUF 的整体实现结构及各个模块电路实现如图 5-15 所示。基于电阻-二极管型分压单元的工艺敏感电路、模拟 32×1 数据选择器、电压偏差放大电路和电压偏差比较电路采用全定制设计方法,而表决机制电路和扩散算法电路采用半定制设计方法,根据表决机制与扩散算法的实现结构,采用硬件描述语言定义其逻辑处理过程,并利用 EDA 工具自动综合和布局布线生成版图。R-Diode-based PUF 的整体版图布局如图 5-16(a)所示,各个模块版图均采用对应命名标示。基于电阻-二极管型分压单元的工艺敏感电路中的电阻采用顶层金属线实现,按照 S 型网格方式布线覆盖于所有电路的顶层,如图 5-16(b)所示,有效地防止攻击者进行有用信号的探测攻击。

5.3.1　面积、功耗和速度分析

整个 PUF 芯片的面积是 $132×150\ \mu m^2$,表 5-9 总结了 PUF 各个组成部件的面积,单个基于电阻-二极管型分压单元的工艺敏感电路(R-Diode-based Sensor)的面积是 $80\ \mu m^2$,表决机制电路(Voting Mechanism)与扩散算法电路(Diffusion Algorithm)的总面积约占整个 PUF 芯片面积的一半,平均产生每位 ID 比特消耗的面积是 $620\ \mu m^2$。

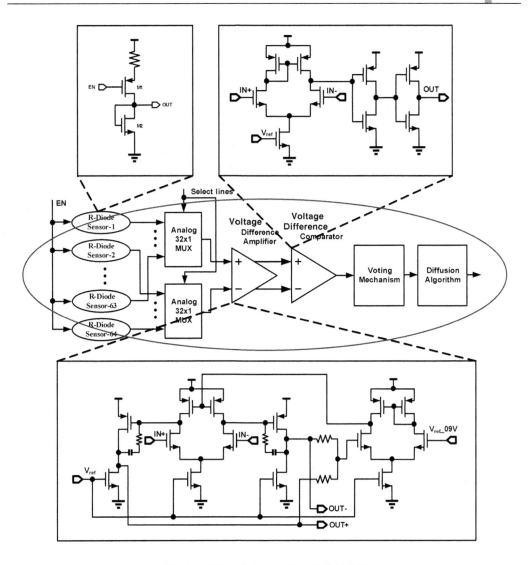

图 5-15　R-Diode-based PUF 整体结构图

表 5-9　R-Diode-based PUF 各个组成部件面积

部件	面积/μm^2
基于电阻-二极管型分压单元的工艺敏感电路（R-Diode-based Sensor）	80
模拟数据选择器（Analog Multiplexer）	900
电压偏差放大电路（Voltage Difference Amplifier）	2 560
电压偏差比较电路（Difference Comparator）	720
表决机制电路与扩散算法电路（Voting Mechanism ＋ Diffusion Algorithm）	10 500

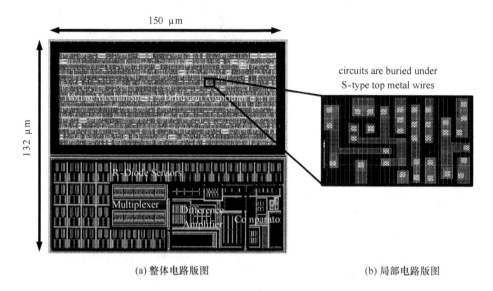

(a) 整体电路版图　　　　　　　　(b) 局部电路版图

图 5-16　R-Diode-based PUF 版图

经过仿真可知,R-Diode-based PUF 在电源电压从 1.7 V 到 1.9 V 变化和温度从−40 ℃ 到 100 ℃变化的条件下,能够稳定工作产生 32 位 ID,输出具有 1 Mbit/s 的吞吐率。在电源 电压为 1.8 V,温度为 30 ℃的条件下,当芯片处于正常工作模式时,消耗的功率为 420 μW; 当芯片处于睡眠模式时,消耗的功率仅为 180 nW。表 5-10 总结了 R-Diode-based PUF 芯片 各个性能参数的仿真结果。

表 5-10　R-Diode-based PUF 芯片各个性能参数值

工艺	0.18μm CMOS 工艺
面积	19 800 μm^2
电源电压	1.7~1.9 V
温度	−40~100 ℃
静态功耗@1.8 V, 30 ℃	180 nW
动态功耗@1.8 V, 30 ℃	420 μW
吞吐率	1 Mbit/s

表 5-11 对 R-Diode-based PUF 和现有 PUF 的各种性能参数进行了比较。很显然各种 类型 PUF 在速度、面积开销方面很接近,其中参考文献[17]中的 PUF 产生 ID 比特速 度最快,为 5 Mbit/s,同时这种类型 PUF 的面积开销最小,为 4 000 μm^2,但是各种类型 PUF 的功耗性能相差较大,其中参考文献[68]中的 Symmetric-based PUF 的功耗性能最 优,为 0.93 μW。相比于其他 PUF 而言,R-Diode-based PUF 具有较大的功耗开销。其 原因在于它增加了电压偏差放大电路、举手表决机制和扩散算法部件,整个 PUF 功耗明 显增高。尽管 R-Diode-based PUF 功耗开销相对较大,但是相比于其他 PUF,它具有更

好的唯一性和稳定性。因此仍然是一种非常实用的 PUF。

表 5-11　R-Diode-based PUF 与已有 PUF 的性能参数比较

PUF	工艺/μm	速度/(Mbit·s^{-1})	功耗/μW	面积/μm^2
Symmetric[68]	0.13	1	0.93	15 288
Common-Centroid[68]	0.13	1	1.6	25 903
[16]	0.35	1.5	250	23 436
[17]	0.13	5	120	4 000
R-Diode-based	0.18	1	420	19 800

注：[68][16][17]表示该参考文献中的 PUF。

5.3.2　唯一性分析

为了说明 R-Diode-based PUF 唯一性的好坏，我们在 0.18μm CMOS 工艺下，电源电压从 1.7V 到 1.9V 变化和温度从 −40 ℃ 到 100 ℃ 变化的仿真条件下，对 R-Diode-based PUF 进行 10 000 轮的 Monte Carlo 分析，比较每个 PUF 实例生成的 ID 的数值统计分布特性和海明距离分布特性。

在仿真中，一组 32 个不同的激励被应用到每一个 PUF 实例，用来产生 32 位的 ID。经过仿真，其中 9 700 个实例能够在温度和电源电压变化的条件下生成稳定的 ID，另外在 9 700 个实例中 ID 出现重复的概率是 0.82%，也就是说约有 80 个 ID 同其他 ID 是重复的。因此大约有 9 620 个实例可以产生不同的稳定的 32 位 ID。

每个 ID 是一个唯一的 32 位二进制数字，我们将其转换为十进制数字，然后 9 620 个十进制数字被统计起来在大的十进制空间上，计算数值统计分布特性。图 5-17(a) 和图 5-17(b) 分别展示了扩散前后 9 620 个 ID 的数值统计分布特性。显然图 5-17(a) 中的扩散前的 ID 满足正态统计分布特性，ID 数字集中在一个小的数值范围内，约为 $1.6\times10^9\sim2.4\times10^9$，任意两个 ID 之间的不同位数较小，这就增加了不同 ID 之间碰撞的可能性，即当环境变化时，不同 ID 之间出现重复的概率增大；而图 5-17(b) 中的扩散后的 ID 满足均匀统计分布特性，ID 数字均匀分布在大的数值空间里，数值范围约为 $0\sim4.2\times10^9$，任意两个 ID 之间不同位数较大，从而减小了不同 ID 之间碰撞的可能性，即当环境变化时，不同 ID 之间出现重复的概率极低。因此 R-Diode-based PUF 在包含扩散算法的情况下，生成的 ID 均匀分布在大的数值空间范围内，具有更好的唯一性。

海明距离是指任何两个 ID 数字之间不同的二进制比特的数量。图 5-18(b) 展示了 9 620 个包含扩散算法的 R-Diode-based PUF 芯片生成的 ID 的海明距离分布特性图，同时为了便于比较，图 5-18(a) 展示了未包含扩散算法的 R-Diode-based PUF 芯片生成 ID 的海明距离统计分布图。另外在图中通过计算分别给出了统计分布的平均值和标准方差值。显然相比于未包含扩散算法 R-Diode-based PUF 的海明距离统计分布平均值

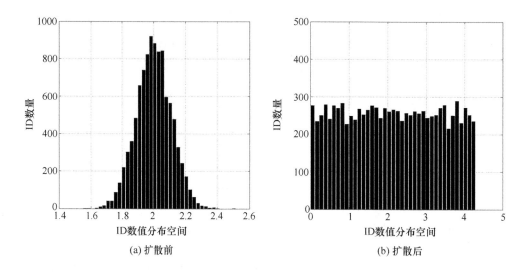

图 5-17　R-Diode-based PUF 生成 ID 的数值统计分布特性图

12.165，包含扩散算法的 R-Diode-based PUF 的海明距离统计分布的平均值为 15.978，更接近于不具有相关特性的 PUF 的海明距离分布理想平均值 16。另外相比于未包含扩散算法的 R-Diode-based PUF 的海明距离统计分布标准方差值 2.860，包含扩散算法的 R-Diode-based PUF 的海明距离统计分布的标准方差值更大，为 3.937。通常来讲，统计分布的宽度正比于其标准方差值，也就是说标准方差值越大，统计分布的宽度也越大。因此，包含扩散算法的 R-Diode-based PUF 的海明距离统计分布具有更大的宽度，这意味着包含扩散算法的 R-Diode-based PUF 生成的不同 ID 之间存在更多的不同的二进制比特位，当环境变化时，不同 ID 之间碰撞的可能性小，出现重复的概率低，故包含扩散算法的 R-Diode-based PUF 就具有更好的唯一性。

5.3.3　稳定性分析

　　为了评估 R-Diode-based PUF 的稳定性，我们在 $0.18\mu m$ CMOS 工艺下，电源电压从 1.7 V 到 1.9 V 变化和温度从 $-40\,℃$ 到 $100\,℃$ 变化的仿真条件下，对 R-Diode-based PUF 进行 10 000 轮的 Monte Carlo 分析，即分别对 10 000 个 R-Diode-based PUF 实例在变化的电源电压和温度条件下进行仿真。基于对仿真结果的统计分析，我们首先分别在温度和电源电压变化条件下比较包含电压偏差放大电路和未包含电压偏差放大电路两种 R-Diode-based PUF 的稳定性，证明引入电压偏差放大电路可以极大地改善 PUF 的稳定性；然后同其他 PUF 设计在相同的温度和电源电压变化范围内进行稳定性比较，说明 R-Diode-based PUF 具有更高的稳定性；最后分析举手表决前后 PUF 芯片的稳定性，说明引入举手表决机制能够进一步提高 PUF 的稳定性，证明举手表决机制的优越性。

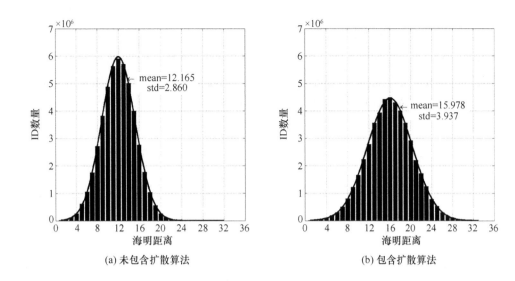

(a) 未包含扩散算法　　　　　　　　(b) 包含扩散算法

图 5-18　R-Diode-based PUF 生成 ID 的海明距离分布特性图

1. 温度变化

在电源电压为 1.8 V 条件下,10 000 个实例分别在温度从 −40 ℃ 到 100 ℃ 变化的范围内进行仿真。图 5-19 比较了包含电压偏差放大电路和未包含电压偏差放大电路两种 R-Diode-based PUF 在不同温度条件下的稳定性,其中 X 轴表示温度变化,Y 轴表示 PUF 芯片产生 ID 的稳定性。通过对图 5-19 分析可知:

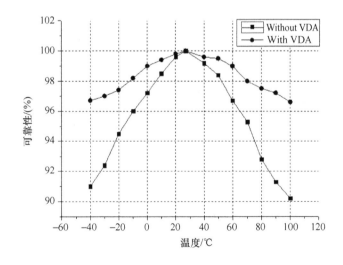

图 5-19　包含电压偏差放大电路和未包含电压偏差放大电路两种 R-Diode-based PUF
在不同温度条件下的稳定性对比图

(1) 在室温下,两种 R-Diode-based PUF 的稳定性均为 100%,这意味着对于同样的 PUF 实例,多次的 ID 仿真不会出现比特的翻转,即多次仿真结果一致;

（2）当温度变化（升高或者降低）时，两种 R-Diode-based PUF 的稳定性均降低；

（3）在不同的温度条件下，包含电压偏差放大电路的 R-Diode-based PUF 生成 ID 的稳定性均高于未包含电压偏差放大电路的 R-Diode-based PUF，这说明由于电压偏差放大电路的引入，微弱的电压差被放大，降低了其对电压偏差比较电路的比较精度和各种噪声的敏感性，从而使得电压偏差比较电路能够产生更加稳定的输出，即提高了整个 PUF 的稳定性；

（4）当温度为 100 ℃时，两种 R-Diode-based PUF 的稳定性都最差，包含电压偏差放大电路的 R-Diode-based PUF 的稳定性为 96.6％，而未包含电压偏差放大电路的 R-Diode-based PUF 的稳定性只有 90.1％，包含电压偏差放大电路的 R-Diode-based PUF 的稳定性较未包含电压偏差放大电路的 R-Diode-based PUF 的稳定性提高了 6.5 个百分点，同样说明引入电压偏差放大电路的 R-Diode-based PUF 产生 ID 的稳定性更高。

总之，通过比较分析可得，包含电压偏差放大电路的 R-Diode-based PUF 在温度变化的条件下，具有更好的稳定性。

2. 电源电压变化

在温度为 30 ℃条件下，10 000 个实例分别在电源电压从 1.7 V 到 1.9 V 变化的范围内进行仿真。图 5-20 比较了包含电压偏差放大电路和未包含电压偏差放大电路两种 R-Diode-based PUF 在不同电源电压条件下的稳定性，其中 X 轴表示电源电压的变化，Y 轴表示 PUF 芯片产生 ID 的稳定性。通过对图 5-20 分析可知：

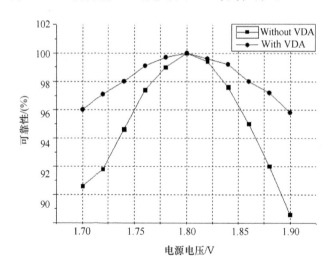

图 5-20　包含电压偏差放大电路和未包含电压偏差放大电路两种 R-Diode-based PUF 在不同电源电压条件下的稳定性对比图

（1）在正常工作电源电压 1.8 V 条件下，两种 R-Diode-based PUF 的稳定性均为 100％，这意味着对于同样的 PUF 实例，多次的 ID 仿真不会出现比特的翻转，即多次仿真结果一致；

（2）当电源电压变化（增大或者减小）时，两种 R-Diode-based PUF 的稳定性均降低；

（3）在不同的电源电压条件下，包含电压偏差放大电路的 R-Diode-based PUF 生成 ID 的稳定性均高于未包含电压偏差放大电路的 R-Diode-based PUF，这说明由于电压偏差放大电路的引入，微弱的电压差被放大，降低了其对电压偏差比较电路的比较精度和各种噪声的敏感性，当电源电压变化时，放大后的电压差足以保证电压偏差比较电路能够产生稳定的输出，从而提高了整个 PUF 的稳定性；

（4）当电源电压为 1.9V 时，两种 R-Diode-based PUF 的稳定性都最差，包含电压偏差放大电路的 R-Diode-based PUF 的稳定性为 95.8%，而未包含电压偏差放大电路的 R-Diode-based PUF的稳定性只有 88.6%，包含电压偏差放大电路的 R-Diode-based PUF 的稳定性较未包含电压偏差放大电路的 R-Diode-based PUF 的稳定性提高了 7.2 个百分点，同样说明引入电压偏差放大电路的 R-Diode-based PUF 产生 ID 的稳定性更高。

总之，通过比较分析可得，包含电压偏差放大电路的 R-Diode-based PUF 在电源电压变化的条件下，具有更好的稳定性。

3. 各种 PUF 结构的稳定性比较

为了进一步说明 R-Diode-based PUF 的稳定性，我们需要同其他 PUF 结构的稳定性进行比较。根据参考文献[44][54][68][76]中 PUF 结构，我们在同样的 0.18μm CMOS 工艺下分别实现了基于判决器的 PUF、基于环路振荡器的 PUF、基于 SRAM 单元的 PUF 和两种基于敏感放大器单元的 PUF（LS-SA 和 SA-SA），同时在 0.18μm CMOS 工艺下，电源电压从 1.7 V 到 1.9 V 变化和温度从 −40 ℃ 到 100 ℃ 变化的仿真条件下，分别对每一种 PUF 进行 10 000 轮的 Monte Carlo 分析。通过对仿真结果的统计分析，可得各种 PUF 在温度和电源电压变化条件下的稳定性。为了便于比较，我们采用 ID 错误率的概念来解释稳定性，ID 错误率是指在环境条件变化情况下 ID 比特出错的概率，ID 错误率越大，稳定性越低。图 5-21 分别展示了各种 PUF 在温度和电源电压变化条件下的 ID 错误率。其中黑色柱代表当温度为 30 ℃、电源电压在 1.7~1.9 V 范围内变化时 PUF 的 ID 错误率，白色柱代表当电源电压为 1.8 V、温度在 −40~100 ℃ 范围内变化时 PUF 的 ID 错误率，灰色柱则代表温度和电源电压同时变化时 PUF 的 ID 错误率。由图 5-21 分析可知：

（1）当温度为 30 ℃、电源电压在 1.7~1.9 V 范围内变化时，基于判决器的 PUF 的 ID 错误率最高，约为 18%，基于 SRAM 单元的 PUF 的 ID 错误率最低，约为 2.5%，比其他 PUF 结构低 1.8~7.2 倍；

（2）当电源电压为 1.8 V、温度在 40~100 ℃ 范围内变化时，基于判决器的 PUF 的 ID 错误率最高，约为 15%，R-Diode-based PUF 的 ID 错误率最低，约为 3.8%，比其他 PUF 结构低 1.5~3.9 倍；

（3）当温度在 −40~100 ℃ 范围内、电源电压在 1.7~1.9 V 范围内同时变化时，不同类型的 PUF 的 ID 错误率均高于温度为 30 ℃ 保持不变、仅电源电压在 1.7～1.9 V 范围内变化和电源电压为 1.8 V 保持不变、仅温度在 －40～100 ℃ 范围内变化情况下的 ID 错误率,也不是两种情况下 ID 错误率的简单叠加;

(4) 当温度和电源电压同时变化时,基于判决器的 PUF 的 ID 错误率最高,约为 21.8%, R-Diode-based PUF 的 ID 错误率最低,约为 5%,比其他 PUF 结构的低 1.4～4.4 倍。这说明 R-Diode-based PUF 具有更高的稳定性。

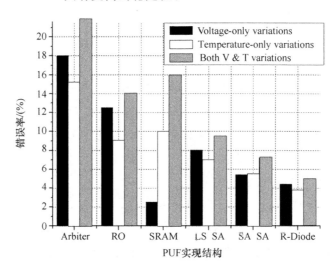

图 5-21　在温度和电源电压变化条件下 R-Diode-based PUF
与其他参考 PUF 结构的 ID 错误率比较图

4. 通过举手表决提高稳定性

进一步,在电源电压存在 ±0.1 V 的波动条件下,10 000 个 R-Diode-based PUF 实例分别在温度从 －40 ℃ 到 100 ℃ 变化的范围内进行仿真。仿真结果表明,举手表决前 PUF 输出 ID 的稳定性为 95%,而在经过举手表决后 PUF 输出 ID 的稳定性提高到 96.2%。这意味着包含举手表决机制的 R-Diode-based PUF 具有更好的稳定性。表 5-12 比较了包含各种不同稳定性增强机制的 PUF 电路的 ID 错误率。分析可知,参考文献[85]中的 PUF 具有最低的 ID 错误率,为 2%,然而其工作温度范围较小,产生的 ID 长度仅为 16 位。参考文献[130]中的 PUF 工作温度范围最大,能够在 －40～120 ℃ 的温度范围内产生 32 位长度的 ID,然而其错误率也最高,为 4.2%。相比于其他 PUF 而言,R-Diode-based PUF 具有较高的错误率,为 3.8%,然而其工作温度范围较大,为 －40～100 ℃;同时相对于参考文献[85]中 PUF 生成的 16 位 ID,R-Diode-based PUF 能够在更大的温度范围内产生 32 位长度的稳定 ID,长度增加了一倍。

表 5-12　R-Diode-based PUF 与其他包含不同稳定性增强机制的 PUF 的错误率比较

PUF	温度/℃	电源电压/V	ID 长度	错误率
[85]	−10～75	n/a	16	2%
[86]	15～65	0.9～1.1	32	3%
[130]	−40～120	0.9～1.1	32	4.2%
[131]	25～85	0.8～1.0	32	2.8%
R-Diode-based	−40～100	1.7～1.9	32	3.8%

注：[85][86][130][131]表示该参考文献中的 PUF。

5.4　基于纯电阻桥式网络型分压单元的 PUF 实现

在 $0.18\mu m$ CMOS 工艺下设计基于纯电阻桥式网络型分压单元的 PUF(R-Bridge-based PUF)，它包含 32 个基于纯电阻桥式网络型分压单元的工艺敏感电路(R-Bridge-based sensor)、模拟 32×1 数据选择器(Analog 32×1 MUX)、电压偏差放大电路(Voltage Difference Amplifier)、电压偏差比较电路(Voltage Difference Comparator)、表决机制电路(Voting Mechanism)和扩散算法电路(Diffusion Algorithm)，所有 32 个基于纯电阻桥式网络型分压单元的工艺敏感电路的其中一个输出依次接入第一个模拟 32×1 数据选择器，另外一个输出依次接入第二个模拟 32×1 数据选择器，PUF 主要被用来产生 32 位的 ID。R-Bridge-based PUF 的整体实现结构及各个模块电路实现如图 5-22 所示。基于纯电阻桥式网络型分压单元的工艺敏感电路、模拟 32×1 数据选择器、电压偏差放大电路和电压偏差比较电路采用全定制设计方法，而表决机制电路和扩散算法电路采用半定制设计方法，根据表决机制与扩散算法的实现结构，采用硬件描述语言定义其逻辑处理过程，并利用 EDA 工具自动综合和布局布线生成版图。R-Bridge-based PUF 的整体版图布局如图 5-23(a)所示，各个模块版图均采用对应命名标示。模拟 32×1 数据选择器和电压偏差放大器之间的连线按照 S 型网格方式布线覆盖于所有电路的顶层，如图 5-23(b)所示，有效地防止攻击者进行信号的探测攻击。

5.4.1　面积、功耗和速度分析

整个 PUF 芯片的面积是 $150\times150\ \mu m^2$，表 5-13 总结了 PUF 各个组成部件的面积，单个基于纯电阻桥式网络型分压单元的工艺敏感电路(R-Bridge-based sensor)的面积是 $250\ \mu m^2$，表决机制电路(Voting Mechanism)与扩散算法电路(Diffusion Algorithm)的总面积约占整个 PUF 芯片面积的一半，平均产生每位 ID 比特消耗的面积是 $700\ \mu m^2$。

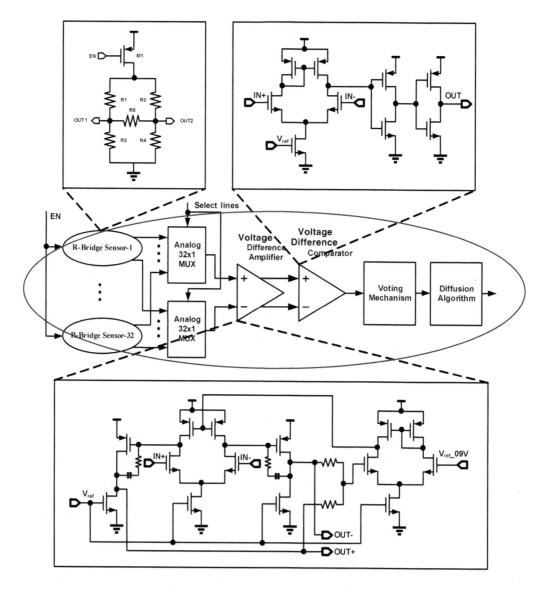

图 5-22　R-Bridge-based PUF 整体结构图

经过仿真可知，R-Bridge-based PUF 在电源电压从 1.7～1.9 V 变化和温度从 −40～100 ℃ 变化的条件下，能够稳定工作产生 32 位 ID，输出具有 1 Mbit/s 的吞吐率。在电源电压为 1.8 V，温度为 30 ℃ 的条件下，当芯片处于正常工作模式时，消耗的功率为 1800 μW；当芯片处于睡眠模式时，消耗的功率仅为 220 nW。表 5-14 总结了 R-Bridge-based PUF 芯片各个性能参数的仿真结果。

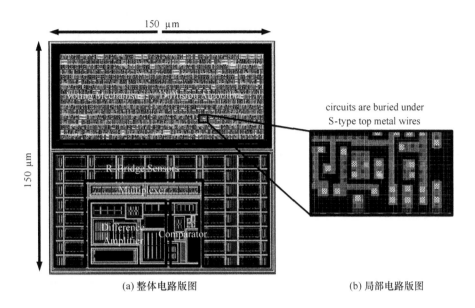

(a) 整体电路版图　　　　　　　　　(b) 局部电路版图

图 5-23　R-Bridge-based PUF 版图

表 5-13　R-Bridge-based PUF 各个组成部件面积

部件	面积/μm²
基于纯电阻桥式网络型分压单元的工艺敏感电路(R-Bridge-based Sensor)	250
模拟数据选择器(Analog Multiplexer)	760
电压偏差放大电路(Voltage Difference Amplifier)	2 560
电压偏差比较电路(Voltage Difference Comparator)	720
表决机制电路与扩散算法电路(Voting Mechanism + Diffusion Algorithm)	10 500

表 5-14　R-Bridge-based PUF 芯片各个性能参数值

工艺	0.18 μm CMOS 工艺
面积	22 500 μm²
电源电压	1.7～1.9 V
温度	−40～100 ℃
静态功耗@1.8 V, 30 ℃	220 nW
动态功耗@1.8 V, 30 ℃	1 800 μW
吞吐率	1 Mbit/s

表 5-15 对 R-Bridge-based PUF 和现有 PUF 的各种性能参数进行了比较。很显然各种类型 PUF 在速度、面积开销方面很接近,其中参考文献[17]中的 PUF 产生 ID 比特速度最快,为 5 Mbit/s,同时这种类型 PUF 的面积开销最小,为 4 000 μm²,但是各种类型 PUF 的功耗性能相差较大,其中参考文献[68]中的 Symmetric-based PUF 的功耗性能最

优,为 $0.93\,\mu\mathrm{W}$。相比于其他 PUF 而言,R-Bridge-based PUF 具有较大的功耗开销。其原因在于首先它增加了电压偏差放大电路、举手表决机制和扩散算法部件,另外更重要的是其 PUF 单元由纯的电阻网络构成,故整个 PUF 功耗明显增高。尽管 R-Bridge-based PUF 功耗开销相对较大,但是相比于其他 PUF,它具有更好的唯一性和稳定性。因此仍然是一种非常实用的 PUF,适用于对功耗性能要求不高的应用场景。

表 5-15　R-Bridge-based PUF 与已有 PUF 的性能参数比较

PUF	工艺/μm	速度/(Mbit·s^{-1})	功耗/μW	面积/μm²
Symmetric[68]	0.13	1	0.93	15 288
Common-Centroid[68]	0.13	1	1.6	25 903
[16]	0.35	1.5	250	23 436
[17]	0.13	5	120	4 000
R-Bridge-based	0.18	1	1800	22 500

注:[68][16][17]表示该参考文献中的 PUF。

5.4.2　唯一性分析

为了说明 R-Bridge-based PUF 唯一性的好坏,我们在 $0.18\mu\mathrm{m}$ CMOS 工艺下,电源电压从 1.7 V 到 1.9 V 变化和温度从 $-40\,\mathrm{℃}$ 到 $100\,\mathrm{℃}$ 变化的仿真条件下,对 R-Bridge-based PUF 进行 10 000 轮的 Monte Carlo 分析,比较每个 PUF 实例生成的 ID 的数值统计分布特性和海明距离分布特性。

在仿真中,一组 32 个不同的激励被应用到每一个 PUF 实例,用来产生 32 位的 ID。经过仿真,其中 9 910 个实例能够在温度和电源电压变化的条件下生成稳定的 ID,另外在 9 910 个实例中 ID 出现重复的概率是 0.54%,也就是说约有 50 个 ID 同其他 ID 是重复的。因此大约有 9 860 个实例可以产生不同的稳定的 32 位 ID。

每个 ID 是一个唯一的 32 位二进制数字,我们将其转换为十进制数字,然后 9 860 个十进制数字被统计起来在大的十进制空间上,计算数值统计分布特性。图 5-24(a)和图 5-24(b)分别展示了扩散前后 9 860 个 ID 的数值统计分布特性。显然图 5-24(a)中的扩散前的 ID 满足正态统计分布特性,ID 数字集中在一个小的数值范围内,约为 $1.8\times10^9 \sim 2.6\times10^9$,任意两个 ID 之间的不同位数较小,这就增加了不同 ID 之间碰撞的可能性,即当环境变化时,不同 ID 之间出现重复的概率增大;而图 5-24(b)中扩散后的 ID 满足均匀统计分布特性,ID 数字均匀分布在大的数值空间里,数值范围约为 $0\sim4.2\times10^9$,任意两个 ID 之间不同位数较大,从而减小了不同 ID 之间碰撞的可能性,即当环境变化时,不同 ID 之间出现重复的概率极低。因此 R-Bridge-based PUF 在包含扩散算法的情况下,生成的 ID 均匀分布在大的数值空间范围内,具有更好的唯一性。

海明距离是指任何两个 ID 数字之间不同的二进制比特的数量。图 5-25(b)展示了

9 860个包含扩散算法的 R-Bridge-based PUF 芯片生成的 ID 的海明距离分布特性图,同时为了便于比较,图 5-25(a)展示了未包含扩散算法的 R-Bridge-based PUF 芯片生成 ID 的海明距离统计分布图。另外在图中通过计算分别给出了统计分布的平均值和标准方差值。显然相比于未包含扩散算法的 R-Bridge-based PUF 的海明距离统计分布平均值 13.156,包含扩散算法的 R-Bridge-based PUF 的海明距离统计分布的平均值为 15.985,更接近于不具有相关特性的 PUF 的海明距离分布理想平均值 16。另外相比于未包含扩散算法的 R-Bridge-based PUF 的海明距离统计分布标准方差值 3.820,包含扩散算法的 R-Bridge-based PUF 的海明距离统计分布的标准方差值更大,为 4.617。通常来讲,统计分布的宽度正比于其标准方差值,也就是说标准方差值越大,统计分布的宽度也越大。因此,包含扩散算法的 R-Bridge-based PUF 的海明距离统计分布具有更大的宽度,这意味着包含扩散算法的 R-Bridge-based PUF 生成的不同 ID 之间存在更多的不同的二进制比特位,当环境变化时,不同 ID 之间碰撞的可能性小,出现重复的概率低,故包含扩散算法的 R-Bridge-based PUF 就具有更好的唯一性。

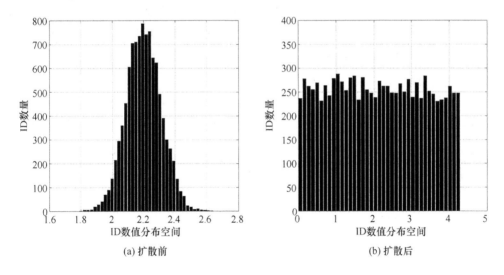

图 5-24　R-Bridge-based PUF 生成 ID 的数值统计分布特性图

5.4.3　稳定性分析

为了评估 R-Bridge-based PUF 的稳定性,我们在 $0.18\mu m$ CMOS 工艺下,电源电压从 1.7 V 到 1.9 V 变化和温度从 −40 ℃ 到 100 ℃ 变化的仿真条件下,对 R-Bridge-based PUF 进行 10 000 轮的 Monte Carlo 分析,即分别对 10 000 个 R-Bridge-based PUF 实例在变化的电源电压和温度条件下进行仿真。基于对仿真结果的统计分析,我们首先分别在温度和电源电压变化条件下比较包含电压偏差放大电路和未包含电压偏差放大电路两种 R-Bridge-based PUF 的稳定性,证明引入电压偏差放大电路可以极大地改善 PUF

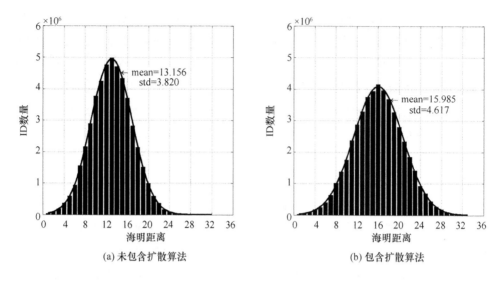

(a) 未包含扩散算法　　　　　　　　　　(b) 包含扩散算法

图 5-25　R-Bridge-based PUF 生成 ID 的海明距离分布特性图

的稳定性；然后同其他 PUF 设计在相同的温度和电源电压变化范围内进行稳定性比较，说明 R-Bridge-based PUF 具有更高的稳定性；最后分析举手表决前后 PUF 芯片的稳定性，说明引入举手表决机制能够进一步提高 PUF 的稳定性，证明举手表决机制的优越性。

1. 温度变化

在电源电压为 1.8V 条件下，10 000 个实例分别在温度从 −40 ℃到 100 ℃变化的范围内进行仿真。图 5-26 比较了包含电压偏差放大电路和未包含电压偏差放大电路两种 R-Bridge-based PUF 在不同温度条件下的稳定性，其中 X 轴表示温度变化，Y 轴表示 PUF 芯片产生 ID 的稳定性。通过对图 5-26 分析可知：

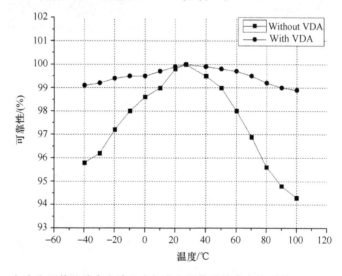

图 5-26　包含电压偏差放大电路和未包含电压偏差放大电路两种 R-Bridge-based PUF
在不同温度条件下的稳定性对比图

（1）在室温下，两种 R-Bridge-based PUF 的稳定性均为 100%，这意味着对于同样的 PUF 实例，多次的 ID 仿真不会出现比特的翻转，即多次仿真结果一致；

（2）当温度变化（升高或者降低）时，两种 R-Bridge-based PUF 的稳定性均降低；

（3）在不同的温度条件下，包含电压偏差放大电路的 R-Bridge-based PUF 生成 ID 的稳定性均高于未包含电压偏差放大电路的 R-Bridge-based PUF，这说明由于电压偏差放大电路的引入，微弱的电压差被放大，降低了其对电压偏差比较电路的比较精度和各种噪声的敏感性，从而使得电压偏差比较电路能够产生更加稳定的输出，即提高了整个 PUF 的稳定性；

（4）当温度为 100 ℃时，两种 R-Bridge-based PUF 的稳定性都最差，包含电压偏差放大电路的 R-Bridge-based PUF 的稳定性为 98.9%，而未包含电压偏差放大电路的 R-Bridge-based PUF 的稳定性只有 94.3%，包含电压偏差放大电路的 R-Bridge-based PUF 的稳定性较未包含电压偏差放大电路的 R-Bridge-based PUF 的稳定性提高了 4.6 个百分点，同样说明引入电压偏差放大电路的 R-Bridge-based PUF 产生 ID 的稳定性更高。

总之，通过比较分析可得，包含电压偏差放大电路的 R-Bridge-based PUF 在温度变化的条件下，具有更好的稳定性。

2. 电源电压变化

在温度为 30 ℃条件下，10 000 个实例分别在电源电压从 1.7V 到 1.9V 变化的范围内进行仿真。图 5-27 比较了包含电压偏差放大电路和未包含电压偏差放大电路两种 R-Bridge-based PUF 在不同电源电压条件下的稳定性，其中 X 轴表示电源电压的变化，Y 轴表示 PUF 芯片产生 ID 的稳定性。通过对图 5-27 分析可知：

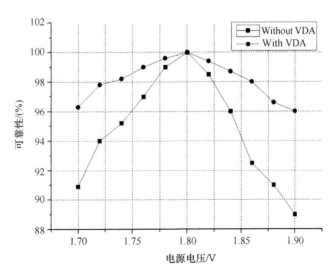

图 5-27 包含电压偏差放大电路和未包含电压偏差放大电路两种 R-Bridge-based PUF 在不同电源电压条件下的稳定性对比图

（1）在正常工作电源电压 1.8 V 条件下，两种 R-Bridge-based PUF 的稳定性均为

100％,这意味着对于同样的 PUF 实例,多次的 ID 仿真不会出现比特的翻转,即多次仿真结果一致;

(2) 当电源电压变化(增大或者减小)时,两种 R-Bridge-based PUF 的稳定性均降低;

(3) 在不同的电源电压条件下,包含电压偏差放大电路的 R-Bridge-based PUF 生成 ID 的稳定性均高于未包含电压偏差放大电路的 R-Bridge-based PUF,这说明由于电压偏差放大电路的引入,微弱的电压差被放大,降低了其对电压偏差比较电路的比较精度和各种噪声的敏感性,当电源电压变化时,放大后的电压差足以保证电压偏差比较电路能够产生稳定的输出,从而提高了整个 PUF 的稳定性;

(4) 当电源电压为 1.9V 时,两种 R-Bridge-based PUF 的稳定性都最差,包含电压偏差放大电路的 R-Bridge-based PUF 的稳定性为 96％,而未包含电压偏差放大电路的 R-Bridge-based PUF 的稳定性只有 89％,包含电压偏差放大电路的 R-Bridge-based PUF 的稳定性较未包含电压偏差放大电路的 R-Bridge-based PUF 的稳定性提高了 7 个百分点,同样说明引入电压偏差放大电路的 R-Bridge-based PUF 产生 ID 的稳定性更高。

总之,通过比较分析可得,包含电压偏差放大电路的 R-Bridge-based PUF 在电源电压变化的条件下,具有更好的稳定性。

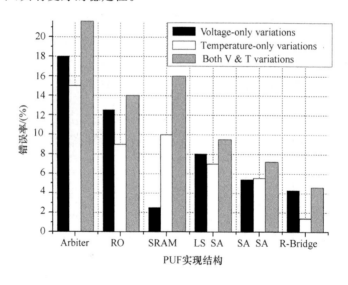

图 5-28　在温度和电源电压变化条件下 R-Bridge-based PUF
与其他参考 PUF 结构的 ID 错误率比较图

3. 各种 PUF 结构的稳定性比较

为了进一步说明 R-Bridge-based PUF 的稳定性,我们需要同其他 PUF 结构的稳定性进行比较。根据参考文献[44][54][68][76]中 PUF 结构,我们在同样的 0.18μm CMOS 工艺下分别实现了基于判决器的 PUF、基于环路振荡器的 PUF、基于 SRAM 单元的 PUF 和两种基于敏感放大器单元的 PUF(LS-SA 和 SA-SA),同时在 0.18μm CMOS 工艺下、电源电压从 1.7 V 到 1.9 V 变化和温度从 -40 ℃到 100 ℃变化的仿真条件下,分别对每一种 PUF 进行 10 000 轮的 Monte Carlo 分析。通过对仿真结果的统计分析,可得各种 PUF 的在温度和电源电压变化条件下的稳定性。为了便于比较,我们采用 ID 错误率的概念来解释稳定性,ID 错误率是指在环境条件变化情况下 ID 比特出错的概率,ID 错误率越大,稳定性越低。图 5-28 分别展示了各种 PUF 在温度和电源电压变化条件下的 ID 错误率。其中黑色柱代表当温度为 30 ℃、电源电压在 1.7~1.9 V 范围内变化时 PUF 的 ID 错误率,白色柱代表当电源电压为 1.8 V、温度在 -40~100 ℃范围内变化时 PUF 的 ID 错误率,灰色柱则代表温度和电源电压同时变化时 PUF 的 ID 错误率。由图 5-28 分析可知:

(1) 当温度为 30 ℃、电源电压在 1.7~1.9 V 范围内变化时,基于判决器的 PUF 的 ID 错误率最高,约为 18%,基于 SRAM 单元的 PUF 的 ID 错误率最低,约为 2.5%,比其他 PUF 结构低 1.7~7.2 倍;

(2) 当电源电压为 1.8V、温度在 -40~100 ℃范围内变化时,基于判决器的 PUF 的 ID 错误率最高,约为 15%,R-Bridge-based PUF 的 ID 错误率最低,约为 1.3%,比其他 PUF 结构低 4.2~11.5 倍;

(3) 当温度在 -40~100 ℃范围内、电源电压在 1.7~1.9 V 范围内同时变化时,不同类型的 PUF 的 ID 错误率均高于温度为 30 ℃保持不变、仅电源电压在 1.7~1.9 V 范围内变化和电源电压为 1.8 V 保持不变、仅温度在 -40~100 ℃范围内变化情况下的 ID 错误率,也不是两种情况下 ID 错误率的简单叠加;

(4) 当温度和电源电压同时变化时,基于判决器的 PUF 的 ID 错误率最高,约为 21.8%,R-Bridge-based PUF 的 ID 错误率最低,约为 4.6%,比其他 PUF 结构的低 1.6~4.8 倍。这说明 R-Bridge-based PUF 具有更高的稳定性。

4. 通过举手表决提高稳定性

进一步,在电源电压存在 ±0.1 V 的波动条件下,10 000 个 R-Bridge-based PUF 实例分别在温度从 -40 ℃到 100 ℃变化的范围内进行仿真。结果表明,举手表决前 PUF 输出 ID 的稳定性为 95.4%,而在经过举手表决后 PUF 输出 ID 的稳定性提高到 98.6%。这意味着包含举手表决机制的 R-Bridge-based PUF 具有更好的稳定性。表 5-16 比较了包含各种不同稳定性增强机制的 PUF 电路的 ID 错误率。分析可知,参考文献[85]中的 PUF 具有较低的 ID 错误率,为 2%,然而其工作温度范围较小,产生的 ID 长度仅为 16 位。参考文献[130]中的 PUF 工作温度范围最大,能够在 -40~120 ℃的温度范围内产生 32 位长度的 ID,然而其错误率也最高,为 4.2%。相比于其他 PUF 而言,R-Bridge-based PUF 在大的工作温度变化范围内(-40~100 ℃)具有最低的错误率,为 1.4%;同时相对于参考文献[85]中 PUF 生成的 16 位 ID,R-Bridge-based PUF 能够在更大的温度范围内产生 32 位长度的稳定 ID,长度增加了一倍。

表 5-16 R-Bridge-based PUF 与其他包含不同稳定性增强机制的 PUF 的错误率比较

PUF	温度/℃	电源电压/V	ID 长度	错误率
[85]	−10〜75	n/a	16	2%
[86]	15〜65	0.9〜1.1	32	3%
[130]	−40〜120	0.9〜1.1	32	4.2%
[131]	25〜85	0.8〜1.0	32	2.8%
R-Bridge-based	−40〜100	1.7〜1.9	32	1.4%

注:[85][86][130][131]表示该参考文献中的 PUF。

5.5　四种类型的 PUF 设计性能比较

文中在 $0.18\mu m$ CMOS 工艺下设计实现了四种类型的 PUF,即基于电流饥饿型延迟单元的 PUF、基于晶闸管型延迟单元的 PUF、基于电阻-二极管型分压单元的 PUF 和基于纯电阻桥式网络型分压单元的 PUF。表 5-17 总结了每种 PUF 的性能参数。

表 5-17　各种 PUF 设计的性能参数比较

PUF	工艺/μm	速度/(bit·s^{-1})	功耗/μW	面积/μm^2	唯一性/bit	稳定性/(%)
CSDE-based	0.18	1	390	19 200	16.024/4.016	97.5
Thyristor-based	0.18	1	380	21 750	16.012/4.261	98.1
R-Diode-based	0.18	1	420	19 800	15.978/3.937	96.2
R-Bridge-based	0.18	1	1 800	22 500	15.985/4.617	98.6

分析表 5-17 的性能参数可知:

(1) 四种类型的 PUF 均在 $0.18\mu m$ CMOS 工艺下设计实现,生成 ID 比特的速度均为 1 Mbit/s;

(2) 四种类型 PUF 的面积开销基本一致,其中基于纯电阻桥式网络型分压单元的 PUF 面积最大,约为 22 500 μm^2,而基于电流饥饿型延迟单元的 PUF 面积最小,约为 19 200 μm^2,为基于纯电阻桥式网络型分压单元的 PUF 面积的 0.85 倍,因此基于电流饥饿型延迟单元的 PUF 的面积指标最好。

(3) 基于电流饥饿型延迟单元的 PUF、基于晶闸管型延迟单元的 PUF 和基于电阻-二极管型分压单元的 PUF 三种类型 PUF 的工作功耗基本一致,其中基于晶闸管型延迟单元的 PUF 的功耗最低,约为 380 μW,基于电阻-二极管型分压单元的 PUF 的功耗最大,约为 420 μW,而相对于其他三种类型的 PUF,基于纯电阻桥式网络型分压单元的 PUF 的功耗更大,约为 1 800 μW,为基于晶闸管型延迟单元的 PUF 的功耗的 4.7 倍,显然基于包含电阻的 PUF 单元的 PUF 的功耗较大,而基于晶闸管型延迟单元的 PUF 的功耗性能最优。

(4) 四种类型 PUF 的唯一性指标基本一样,其中海明距离统计分布的平均值均接近于 16,接近于不具有相关特性的 PUF 的海明距离分布理想平均值,但是四种类型 PUF 的海明距离统计分布的标准方差有些不同,基于电阻-二极管型分压单元的 PUF 的海明距离统计分布的标准方差值最小,约为 3.937,而基于纯电阻桥式网络型分压单元的 PUF 的海明距离统计分布的标准方差值最大,约为 4.617,约为基于电阻-二极管型分压单元的 PUF 的海明距离统计分布的标准方差的 1.2 倍。统计分布的宽度正比于其标准方差值,也就是说标准方差值越大,统计分布的宽度也越大。因此,基于纯电阻桥式网络型分压单元的 PUF 的海明距离统计分布具有更大的宽度,不同 ID 之间存在更多的不同的二进制比特位,出现重复的概率最小,说明基于纯电阻桥式网络型分压单元的 PUF 具有更好的唯一性。

(5) 四种类型 PUF 的稳定性指标均大于 95%,其中基于电阻-二极管型分压单元的 PUF 的稳定性最低,约为 96.2%,而基于纯电阻桥式网络型分压单元的 PUF 的稳定性最高,约为 98.6%,说明基于纯电阻桥式网络型分压单元的 PUF 具有最好的稳定性。

通过比较分析可得,相比于其他类型 PUF,基于纯电阻桥式网络型分压单元的 PUF 具有最好的唯一性,最高的稳定性 98.6%,但是它也具有最大的工作功耗 1 800 μW,原因在于基于纯电阻桥式网络型分压单元的 PUF 是由纯电阻桥式网络构成,考虑到工艺敏感电路对工艺敏感性的要求,电阻的尺寸选择都比较小,从而导致基于纯电阻桥式网络型分压单元的工艺敏感电路消耗较大功耗,于是基于纯电阻桥式网络型分压单元的 PUF 的功耗也较大,同时基于纯电阻桥式网络型分压单元的 PUF 的面积开销也最大。而基于晶闸管型延迟单元的 PUF 也具有较好的唯一性,较高的稳定性 98.1%,同时其工作功耗最小为 380 μW。因此基于晶闸管型延迟单元的 PUF 是资源节约型芯片应用中最优的选择。

5.6 本章小结

基于前面章节的研究,本章分别设计和实现了四种类型的 PUF,包括基于电流饥饿型延迟单元的 PUF、基于晶闸管型延迟单元的 PUF、基于电阻-二极管型分压单元的 PUF 和基于纯电阻桥式网络型分压单元的 PUF。通过仿真和测试的方式,总结了每种类型 PUF 的速度、功耗和工作电压温度范围等性能参数;基于统计的方法,比较每种类型 PUF 扩散前后 ID 的数值统计分布和海明距离分布,表明包含扩散算法的 PUF 具有更好的唯一性;另外,在温度变化和电源电压变化两种条件下,分别统计比较包含 DA 和未包含 DA 两种 PUF 生成 ID 的稳定性,表明包含 DA 的 PUF 具有更好的稳定性;同时在电源电压存在±0.1 V 的随机抖动条件下,比较每种类型 PUF 举手表决前后 ID 的稳定性,表明经过举手表决后的 ID 具有更高的稳定性;最后,通过对四种类型 PUF 的速度、功耗、面积、唯一性和稳定性等性能参数的综合比较和分析,选择出最优的 PUF 设计实例——基于晶闸管型延迟单元的 PUF。

第6章 总结和展望

本章首先对研究工作进行总结,同时提炼所研究 PUF 关键技术的核心创新点,然后在此基础上展望未来关于 PUF 技术有待进一步深入研究的方向。

6.1 总 结

本书主要研究用于安全密钥 ID 生成和存储的 PUF 的关键技术。针对增强 PUF 的唯一性、稳定性和安全性等性能的目标,分别从 PUF 单元、PUF 体系结构、稳定性增强机制、唯一性增强技术和版图布局布线等关键技术方面展开研究,设计了四种不同类型的新型 PUF 单元,提出了一种新型的 PUF 体系结构,实现了一种新的稳定性加固策略——改进的举手表决机制,设计了一种全新的扩散算法电路,研究了对称布局和等长走线,以及特殊的顶层 S 型网格布线等版图设计技术,同时从理论分析、电路仿真和测试比较等方面说明和验证采用的关键技术的优越性。

1. 研究工作总结

(1) 设计了四种新型的 PUF 单元,包括电流饥饿型延迟单元、晶闸管型延迟单元、电阻-二极管型分压单元和纯电阻桥式网络型分压电路单元。通过研究器件尺寸和宽长比与器件失配特性之间的关系,提出增强 PUF 单元工艺敏感性的方法;通过量化计算和分析 PUF 单元的延时或者分压特性,提出利用量化特性对温度和电源电压求导获取相关设计量最优值的增强 PUF 单元稳定性的方法。四种新型的 PUF 单元都通过采用工艺敏感性和稳定性增强方法,提高工艺敏感性和稳定性,保证对应的 PUF 同时具备良好的唯一性和稳定性。

(2) 提出一种新型的 PUF 体系结构,包括工艺敏感电路、偏差放大电路和偏差比较电路。通过从比较精度和噪声敏感性两个方面的定性分析,阐明了新型 PUF 体系结构通过增加偏差放大电路增强 PUF 稳定性的设计机理。根据工艺敏感电路的类型,延伸出两种不同的新型 PUF 电路结构,其中基于延迟单元的 PUF 电路体系结构包括基于延迟单元的工艺敏感电路、时间偏差放大电路和时间偏差比较电路三个部分;基于分压单元的 PUF 电路体系结构包括基于分压单元的工艺敏感电路、模拟 $N{\times}1$ 数据选择器、电压偏差放大电路和电压偏差比较电路四个部分;同时详细地阐述了各个部分的电路结

构、版图设计和性能分析;

（3）实现了一种新的稳定性增强技术——改进的举手表决机制电路,通过对偏差比较电路的输出进行多次采样,按照样本的0/1分布概率判决输出稳定的ID。通过对举手表决机制的理论分析,提出采样次数、判决算法和比较阈值三个因素决定举手表决机制生成稳定ID的能力的结论;同时提出高效的举手表决机制的设计方法:包含采样次数设置寄存器（Voting Register）和比较阈值设置寄存器（Probability Register）,同时集成多种判决算法。在不同组合条件下,分别对包含举手表决机制的PUF进行Monte Carlo分析,统计PUF的ID稳定性,通过比较选择最优的采样次数、比较阈值和判决算法组合,使得PUF生成ID的稳定性近似为100%;根据这种方法设计举手表决机制,仿真结果表明,相对于传统的表决电路,这种新型举手表决机制电路具有更强的稳定ID生成能力,当电源电压随机抖动时,包含新型举手表决机制电路的PUF生成ID的稳定性近似为100%。

（4）设计了一种全新的唯一性增强技术——ID扩散算法,将举手表决机制生成的稳定ID进行扩散,使得扩散后的ID在一个大的统计空间内满足均匀分布,增大ID之间的海明距离,减小碰撞的概率,增强PUF的唯一性。在MATLAB环境下实现扩散算法,并分别对满足正态分布、指数分布和均匀分布的三种类型样本进行扩散仿真。实验结果表明:无论选择何种类型的样本,经过扩散算法扩散后的样本在大的数值空间范围内都满足均匀统计分布特性。

（5）研究了对称布局和等长走线,以及特殊的顶层S型网格布线等PUF安全性增强技术,实现PUF对版图反向工程和微探测技术等物理攻击的有效抵御,保证PUF生成的密钥ID的安全性。针对版图反向工程的物理攻击方式,采用对称布局和等长走线的版图实现策略,提高PUF的安全性;针对微探测技术的物理攻击方式,提出顶层S型网格布线方案,有效地抵抗攻击。

（6）在0.18μm CMOS工艺下,设计实现四种新型的PUF,包括基于电流饥饿型延迟单元的PUF、基于晶闸管型延迟单元的PUF、基于电阻-二极管型分压单元的PUF和基于纯电阻桥式网络型分压单元的PUF。通过对仿真和测试结果的统计分析比较,分别从唯一性、稳定性和安全性等角度衡量每种PUF的性能。实验结果表明:包含扩散算法的PUF具有更好的唯一性,包含DA和举手表决机制的PUF具有更好的稳定性,同时综合评估每种PUF的速度、功耗、面积、唯一性和稳定性等性能参数,可知基于晶闸管型延迟单元的PUF为最优的PUF设计实例。

2. 核心创新点

（1）通过研究器件宽长比尺寸与器件失配特性之间的关系,对器件物理特征参数的Mismatching模型进行修正优化。常规Mismatching模型仅仅考虑器件尺寸（W和L）与器件物理特征参数Mismatching特性之间的关系,而修正后的模型在此基础上增加器件宽长比尺寸(W/L)对器件物理特征参数 Mismatching 特性影响效应的量化计算部分,故修正后的模型准确度更高。

(2) 通过增加偏差放大电路模块改进了传统的 PUF 电路体系结构。由于偏差放大电路放大了工艺敏感电路产生的微弱物理特性偏差,减小其对偏差比较电路的比较精度和各种噪声的敏感性,所以 PUF 能够产生稳定的输出,即提高了面向安全密钥生成的 PUF 电路的稳定性。

(3) 基于交叉耦合式电流饥饿型反相器对称结构设计了一种新型的时间偏差放大电路。相对于常规时间偏差放大电路而言,这种电路结构简单,仅包含两个交叉耦合的电流饥饿型反相器和两个普通反相器,实现面积小,同时它具有较大的时间差增益,能够将微弱的时间偏差进行有效的放大。

综上所述,本书的重点在于设计实现用于安全密钥 ID 生成的 PUF,同时保证 PUF 具有好的唯一性、稳定性和安全性。

6.2　展　　望

针对增强 PUF 的唯一性、稳定性和安全性等性能的目标,本书已分别从 PUF 单元、PUF 体系结构、稳定性增强机制、唯一性增强技术和版图布局布线等关键技术方面进行了研究,然而由于时间和精力有限,很多章节的研究还有待更加深入,同时还有很多有意义的工作需要去做,在这里我们指出一些关于 PUF 的有待进一步深入研究的课题。

(1) 硬件开销和安全性防护

目前已有很多工作研究如何有效地保护 PUF 抵抗物理攻击和模型攻击,然而大部分的方法都需要额外增加面积和功耗等开销。本书引入的顶层 S 型网格布线技术能够游戏的抵抗微探测方式的物理攻击,但是增加了 PUF 的设计难度,由于顶层走线全部用于网格的实现,同时需要覆盖所有的 PUF 电路,所以 PUF 电路的布线资源减少,导致面积增大。因此,将来一个重要的研究课题就是如何以最小的硬件开销来保证 PUF 的安全性,主要的研究方向包括安全电路设计和新型材料科学等。

(2) 错误矫正和实际可行性

面向安全密钥生成应用的 PUF 需要具备完整和准确无误的密钥重建的能力。由于环境条件如温度和电源电压的改变,以及电路器件老化等问题,PUF 输出的密钥变的不稳定。目前已出现如稳定性增强技术、错误矫正机制和新型的架构等方法改善 PUF 的稳定性,其中错误矫正是一个热门的研究领域,但是它通常需要实现复杂的误码矫正逻辑,如 BCH decoder 等,同时存储在非易失介质中的 syndrome 很容易被窃取进而导致密钥 ID 的泄露,故实际操作起来可应用的范围受限。因此,将来一个重要的研究课题就是如何在存储最小的 syndrome 情况下通过简单有效的误码矫正逻辑实现错误 ID 的矫正,使得错误矫正技术实用性更强更广。

（3）形式化定义[132]和安全性证明

关于PUF的电路设计技术研究目前已经很普遍，然而针对PUF的基础性研究，其形式化定义尚不多。同时，由于PUF的形式化定义和其安全性证明存在紧密联系，只有通过详细彻底的形式化定义分析，才能得出有效的安全性证明解决方案。因此，将来一个重要的研究课题就是PUF形式化定义的研究和实现。

参 考 文 献

[1] SUH G E, DEVADAS S. Physical Unclonable Functions for Device Authentication and Secret Key Generation. in: Proceedings of the 44th annual Design Automation Conference. ACM, 2007: 9-14.

[2] MAJZOOBI M, KOUSHANFAR F, POTKONJAK M. Lightweight secure pufs. in: Proceedings of the 2008 IEEE/ACM International Conference on Computer-Aided Design. IEEE Press, 2008: 670-673.

[3] EIROA S, BATURONE I. Circuit authentication based on Ring-Oscillator PUFs. in: 2011 18th IEEE International Conference on Electronics, Circuits and Systems (ICECS). IEEE, 2011: 691-694.

[4] KUMAR R, BURLESON W. PHAP: Password based hardware authentication using PUFs. in: 2012 45th Annual IEEE/ACM International Symposium on Microarchitecture Workshops (MICROW). IEEE, 2012: 24-31.

[5] PAPPALA S, NIAMAT M, SUN W. FPGA based trustworthy authentication technique using Physically Unclonable Functions and artificial intelligence. in: 2012 IEEE International Symposium on Hardware-Oriented Security and Trust (HOST). IEEE, 2012: 59-62.

[6] BERNARDINI R, RINALDO R. Helper-less physically unclonable functions and chip authentication. in: 2014 IEEE International Conference on Acoustics, Speech and Signal Processing (ICASSP). IEEE, 2014: 8193-8197.

[7] GASSEND B, CLARKE D, VAN DIJK M, et al. Silicon physical random functions. in: Proceedings of the 9th ACM Conference on Computer and Communication Security. ACM, 2002: 148-160.

[8] GASSEND B L P. Physical Random Functions: [Doctoral dissertation]. Massachusetts Institute of Technology, January, 2003.

[9] LIM D, LEE J W, GASSEND B, et al. Extracting secret keys from integrated circuits. IEEE Transactions on Very Large Scale Integration (VLSI) Systems, 2005, 13(10): 1200-1205.

[10] YU M D, SOWELL R, SINGH A, et al. Performance metrics and empirical

results of a PUF cryptographic key generation ASIC. in: 2012 IEEE International Symposium on Hardware-Oriented Security and Trust (HOST). IEEE, 2012: 108-115.

[11] PAPPALA S, NIAMAT M, SUN W. FPGA based device specific key generation method using Physically Unclonable Functions and neural networks. in: 2012 IEEE 55th International Midwest Symposium on Circuits and Systems (MWSCAS). IEEE, 2012: 330-333.

[12] BHARGAVA M, MAI K. An efficient reliable PUF-based cryptographic key generator in 65nm CMOS. in: Proceedings of the conference on Design, Automation and Test in Europe. European Design and Automation Association, 2014: 70.

[13] MATHEW S K, SATPATHY S K, ANDERS M, et al. 16.2 A 0.19J/b PVT-variation-tolerant hybrid physically unclonable function circuit for 100% stable secure key generation in 22nm CMOS. in: 2014 IEEE International Solid-State Circuits Conference Digest of Technical Papers (ISSCC). IEEE, 2014: 278-279.

[14] BAS S, YALCIN M E. Key generation and license authentication using physical unclonable functions. in: 2015 23th Signal Processing and Communications Applications Conference (SIU). IEEE, 2015: 387-390.

[15] LOFSTROM K, DAASCH W R, TAYLOR D. IC identification circuit using device mismatch. in: 2000 IEEE International Solid-State Circuits Conference Digest of Technical Papers (ISSCC). IEEE, 2000: 372-373.

[16] LOFSTROM K. ICID-A robust, low cost integrated circuit identification method, ver. 0.9. KLIC, March, 2007.

[17] HOLCOMB D E, BURLESON W P, FU K. Initial SRAM state as a fingerprint and source of true random numbers for RFID tags. in: Proceedings of the Conference on RFID Security. 2007, 7.

[18] YU H L, LEONG P H W, XU Q. An FPGA Chip Identification Generator Using Configurable Ring Oscillators. IEEE Transaction on Very Large Scale Integration (VLSI) Systems, 2012, 20(12): 2198-2207.

[19] YAO Y, KIM M B, LI J, et al. ClockPUF: Physical Unclonable Functions based on clock networks. in: 2013 Design, Automation and Test in Europe Conference and Exhibition (DATE). IEEE, 2013: 422-427.

[20] ARENO M, PLUSQUELLIC J. Secure mobile authentication and device association with enhanced cryptographic engines. in: 2013 International Conference on Privacy and Security in Mobile Systems (PRISMS). IEEE, 2013: 1-8.

[21] GU C, MURPHY J, O'NEILL M. A unique and robust single slice FPGA

identification generator. in: 2014 IEEE International Symposium on Circuits and Systems (ISCAS). IEEE, 2014: 1223-1226.

[22] DEVADAS S, SUH E, PARAL S, et al. Design and implementation of PUF-based unclonable RFID ICs for Anti-Counterfeiting and Security Applications. in: 2008 IEEE International Conference on RFID. IEEE, 2008: 58-64.

[23] JIANG D, CHONG C N. Anti-counterfeiting using phosphor PUF. in: 2nd International Conference on Anti-counterfeiting, Security and Identification, 2008. ASID 2008. IEEE, 2008: 59-62.

[24] SUH G E, O'DONNELL C W, DEVADAS. AEGIS: A single-chip secure processor. Information Security Technical Report, 2005, 10(2): 63-73.

[25] LIAL NING, JIANG DING, BAI CHUANG, ZOU XUECHENG. Design and validation of high speed true random number generators based on prime-length ring oscillators. The Journal of China Universities of Posts and Telecommunications, 2015, 22(4): 1-6.

[26] 喻祖华, 白创, 戴葵. 一种高速低功耗真随机数发生器. 微电子学与计算机, 2014, 31(8): 61-66.

[27] BAI CHUANG, ZHAO ZHENYU, ZHANG MINXUAN. A low-noise PLL design achieved by optimizing the loop bandwidth, 2009, 30(8): 156-159.

[28] LIM D, LEE J W, GASSEND B, et al. Extracting secret keys from integrated circuits. IEEE Transactions on Very Large Scale Integration (VLSI) Systems, 2005, 13(10): 1200-1205.

[29] RUHRMAIR U, SEHNKE F, SOLTER J, et al. Modeling attacks on physical unclonable functions. in: Proceedings of 17th ACM Conference on Computer and Communications Security. ACM, 2010: 237-249.

[30] HOSPODAR G, MAES R, VERBAUWHEDE I. Machine learning attacks on 65nm Arbiter PUFs: Accurate modeling poses strict bounds on usability. in: 2012 IEEE International Workshop on Information Forensics and Security (WIFS). IEEE, 2012: 37-42.

[31] RUHRMAIR U, SOLTER J, SEHNKE F, et al. PUF Modeling attacks on Simulated and Silicon Data. IEEE Transactions on Information Forensics and Security, 2013, 8(11): 1876-1891.

[32] DELVAUX J, VERBAUWHEDE I. Side channel modeling attacks on 65nm arbiter PUFs exploiting CMOS device noise. in: 2013 IEEE International Symposium on Hardware-Oriented Security and Trust (HOST). IEEE, 2013: 137-142.

[33] SAHA I, JELDI R R, CHAKRABORTY R S. Model building attacks on

Physically Unclonable Functions using genetic programming. in: 2013 IEEE International Symposium on Hardware-Oriented Security and Trust (HOST). IEEE, 2013: 41-44.

[34] DELVAUX J, VERBAUWHEDE I. Fault Injection Modeling Attacks on 65nm Arbiter and Ro Sum PUFs via Environmental Changes. IEEE Transactions on Circuits and Systems I: Regular Papers, 2014, 61(6): 1701-1713.

[35] LEE J W, LIM D, GASSEND B, et al. A technique to build a secret key in integrated circuits for identification and authentication application. in: 2004 Symposium on VLSI Circuits, 2004. Digest of Technical Papers. IEEE, 2004: 176-179.

[36] LI D. Extracting Secret Keys from Integrated Circuits: [Master's thesis]. MIT, MA, USA, 2004.

[37] GASSEND B, LIM D, CLARKE D, et al. Identification and authentication of integrated circuits. Concurrency and Computation: Practice and Experience, 2004, 16(11): 1077-1098.

[38] HAMMOURI G, OZTURK E, BIRAND B, et al. Unclonable lightweight authentication scheme. in: Information and Communications Security. Springer Berlin Heidelberg, 2008: 33-48.

[39] OZTURK E, HAMMOURI G, SUNAR B. Physical unclonable function with tristate buffers. in: IEEE International Symposium on Circuits and Systems, 2008. ISCAS 2008. IEEE, 2008: 3194-3197.

[40] OZTURK E, HAMMOURI G, SUNAR B. Towards robust low cost authentication for pervasive devices. in: Sixth Annual IEEE International Conference on Pervasive Computing and Communications, 2008. PerCom 2008. IEEE, 2008: 170-178.

[41] MAJZOOBI M, KOUSHANFAR F, POTKONJAK M. Techniques for design and implementation of secure reconfigurable pufs. ACM Transactions on Reconfigurable Technology and Systems (TRETS), 2009, 2(1): 5.

[42] HORI Y, YOSHIDA T, KATASHITA T, et al. Quantitative and Statistical Performance Evaluation of Arbiter Physical Unclonable Functions on FPGAs. in: 2010 International Conference on Reconfigurable Computing and FPGAs (ReConFig). IEEE, 2010: 298-303.

[43] KUMAR R, PATIL V C, KUNDU S. Design of Unique and Reliable Physically Unclonable Functions Based on Current Starved Inverter Chain. in: 2011 IEEE Computer Society Annual Symposium on VLSI (ISVLSI). IEEE, 2011: 224-229.

[44] LIN L, SRIVATHSA S, KRISHNAPPA D K, et al. Design and Validation of

Arbiter-Based PUFs for Sub-45-nm Low-power Security Applications. IEEE Transactions on Information Forensics and Security, 2012, 7(4): 1394-1403.

[45] ZHANG J, WU Q, LYU Y, et al. Design and Implementation of a Delay-Based PUF for FPGA IP Protection. in: 2013 International Conference on Computer-Aided Design and Computer Graphics (CAD/Graphics). IEEE, 2013: 107-114.

[46] GANTA D, NAZHANDALI L. Easy-to-build Arbiter Physical Unclonable Function with enhanced challenge/response set. in: 2013 14th International Symposium on Quality Electronic Design (ISQED). IEEE, 2013: 733-738.

[47] LIN C W, GHOSH S. A family of Schmitt-Trigger-based arbiter-PUFs and selective challenge-pruning for robustness and quality. in: 2015 IEEE International Symposium on Hardware-Oriented Security and Trust (HOST). IEEE, 2015: 32-37.

[48] MACHIDA T, YAMAMOTO D, IWAMOTO M, et al. Implementation of double arbiter PUF and its performance evaluation on FPGA. in: 2015 20th Asia and South Pacific Design Automation Conference (ASP-DAC). IEEE, 2015: 6-7.

[49] QU G, YIN C E. Temperature-aware cooperative ring oscillator PUF. in: IEEE International Workshop on Hardware-Oriented Security and Trust, 2009. HOST09. IEEE, 2009: 36-42.

[50] MAITI A, SCHAUMONT P. Improving the quality of a Physical Unclonable Function using configurable Ring Oscillators. in: International Conference on Field Programmable Logic and Applications, 2009. FPL 2009. IEEE, 2009: 703-707.

[51] COSTEA C, BERNARD F, FISCHER V, et al. Analysis and Enhancement of Ring Oscillators Based Physical Unclonable Functions in FPGA. in: 2010 International Conference on Reconfigurable Computing and FPGAs (ReConFig). IEEE, 2010: 262-267.

[52] BIN R, GOTO S, TSUNOO Y. A Multiple Bits Output Ring-Oscillator Physical Unclonable Function. in: 2011 International Symposium on Intelligent Signal Processing and Communications Systems (ISPACS). IEEE, 2011: 1-5.

[53] MANSOURI S S, DUBROVA E. Ring oscillator physical unclonable function with multi level supply voltages. arXiv preprint arXiv: 1207.4017, 2012.

[54] KUMAR R, PATIL V C, KUNDU S. On Design of Temperature Invariant Physically Unclonable Functions Based on Ring Oscillators. in: 2012 IEEE Computer Society Annual Symposium on VLSI (ISVLSI). IEEE, 2012: 165-170.

[55] KOMURCU G, DUNDAR G. Determining the quality metrics for PUFs and Performance evaluation of Two RO-PUFs. in: 2012 IEEE 10th International New Circuits and Systems Conference (NEWCAS). IEEE, 2012: 73-76.

[56] SAHOO D P, MUKHOPADHYAY D, CHAKRABORTY R S. Design of low area-overhead ring oscillator PUF with large challenge space. in: 2013 International Conference on Reconfigurable Computing and FPGAs (ReConFig). IEEE, 2013: 1-6.

[57] YIN C E, QU G, ZHOU Q. Design and implementation of a group-based RO PUF. in: Proceedings of the Conference on Design, Automation and Test in Europe. EDA Consortium, 2013: 416-421.

[58] RAHMAN T, FORTE D, FAHRNY J, et al. ARO-PUF: An aging-resistant ring oscillator PUF design. in: Proceedings of the conference on Design, Automation and Test in Europe. European Design and Automation Association, 2014: 69.

[59] DU C H, BAI G. A Novel Relative Frequency Based Ring Oscillator Physical Unclonable Function. in: 2014 IEEE 17th International Conference on Computational Science and Engineering (CSE). IEEE, 2014: 569-575.

[60] GAO M, LAI K, QU G. A highly flexible ring oscillator PUF. in: 2014 51st ACM/EDAC/IEEE Design Automation Conference (DAC). IEEE, 2014: 1-6.

[61] PUNTIN D, STANZIONE S, IANNACCONE G. Cmos unclonable system for secure authentication based on device variability. in: 34th European Solid-State Circuits Conference, 2008. ESSCIRC 2008. IEEE, 2008: 130-133.

[62] HELINSKI R, ACHARYYA D, PLUSQUELLIC J. A physical unclonable function defined using power distribution system equivalent resistance variations. in: Proceedings of 46th Annual Design Automation Conference. ACM, 2009: 676-681.

[63] ZHANG J R, XUE J F. A new Physical Unclonable Functions based on measuring Power Distribution System resistance variations. in: 2012 International Conference on Anti-Counterfeiting, Security and Identification (ASID). IEEE, 2012: 1-3.

[64] ZHANG J R, ZHAO Y F. Study on temperature effects based on measuring power distribution system of PUF. in: 2013 IEEE International Conference on Anti-Counterfeiting, Security and Identification (ASID). IEEE, 2013: 1-3.

[65] GANTA D, VIVEKRAJA V, PRIYA K, et al. A Highly Stable Leakage-Based Silicon Physical Unclonable Functions. in: 2011 24th Annual Conference on VLSI Design (VLSI Design). IEEE, 2011: 135-140.

[66] KUMAR R, BURLESON W. On design of a highly secure PUF based on non-linear current mirrors. in: 2014 IEEE International Symposium on Hardware-

Oriented Security and Trust (HOST). IEEE, 2014: 38-43.

[67] KUMAR S, GUAJARDO J, MAES R, et al. Extended abstract: The butterfly PUF protecting IP on every FPGA. in: IEEE International Workshop on Hardware-Oriented Security and Trust, 2008. HOST 2008. IEEE, 2008: 67-70.

[68] SU Y, HOLLEMAN J, OTIS B P, A Digital 1.6 pJ/bit Chip Identification Circuit Using Process Variations. IEEE Journal of Solid-State Circuits, 2008, 43 (1): 69-77.

[69] SELIMIS G, KONIJNENBURG M, ASHOUEI M, et al. Evaluation of 90nm 6T-SRAM as physical Unclonable Function for secure key generation in wireless sensor nodes. in: 2011 IEEE International Symposium on Circuits and Systems (ISCAS). IEEE, 2011: 567-570.

[70] HANDSCHUH H. Hardware intrinsic security based on SRAM PUFs: Tales from the industry. in: 2011 IEEE International Symposium on Hardware-Oriented Security and Trust (HOST). IEEE, 2011: 127-127.

[71] EIROA S, CASTRO J, MARTINEZ-RODRIGUEZ M C, et al. Reducing bitflipping problems in SRAM physical unclonable functions for chip identification. in: 2012 19th IEEE International Conference on Electronics, Circuits and Systems (ICECS). IEEE, 2012: 392-395.

[72] IYENGAR A, RAMCLAM K, GHOSH S. DWM-PUF: A low-overhead, memory-based security primitive. in: 2014 IEEE International Symposium on Hardware-Oriented security and Trust (HOST). IEEE, 2014: 154-159.

[73] XU X, RAHMATI A, HOLCOMB D, et al. Reliable Physical Unclonable Functions Using Data Retention Voltage of SRAM Cells. IEEE Transactions on Computer-Aided Design of Integrated Circuits and Systems, 2015, 34(6): 903-914.

[74] JANG J W, GHOSH S. Design and analysis of novel SRAM PUF with embedded latch for robustness. in: 2015 16th International Symposium on Quality Electronic Design (ISQED). IEEE, 2015: 298-302.

[75] SU Y, HOLLEMAN J, OTIS B P. A 1.6pj/bit 96% stable chip-id generating circuit using process variations. IEEE Journal of Solid-State Circuits, 2008, 43 (1): 69-77.

[76] BHARGAVA M, CAKIR C, MAI K. Attack resistant sense amplifier based PUFs (SA-PUF) with deterministic and controllable reliability of PUF responses. in: 2010 IEEE International Symposium on Hardware-Oriented security and Trust (HOST). IEEE, 2010: 106-111.

[77] DEVADAS S, YU M. Secure and robust error correction for physical unclonable

functions. IEEE Design and Test of Computers, 2010, 27: 48-65.

[78] PARAL Z, DEVADAS S. Reliable and efficient PUF-based key generation using pattern matching. in: 2011 IEEE International Symposium on Hardware-Oriented Security and Trust (HOST). IEEE, 2011: 128-133.

[79] BÖSCH C, GUAJARDO J, SADEGHI A R, et al. Efficient helper data key extractor on FPGAs. in: Cryptographic Hardware and Embedded Systems-CHES 2008. Springer Berlin Heidelberg, 2008: 181-197.

[80] MAES R, TUYLS P, VERBAUWHEDE I. Low-overhead implementation of a soft decision helper data algorithm for SRAM PUFs. in: Cryptographic Hardware and Embedded Systems-CHES 2009. Springer Berlin Heidelberg, 2009: 332-347.

[81] MAES R, TUYLS P, VERBAUWHEDE I. A soft decision helper data algorithm for SRAM PUFs. in: IEEE International Symposium on Information Theory. IEEE, 2009: 2101-2105.

[82] TANIGUCHI M, SHIOZAKI M, KUBO H, et al. A stable key generation from PUF responses with a Fuzzy Extractor for cryptographic authentications. in: 2013 IEEE 2nd Global Conference on Consumer Electronics (GCCE). IEEE, 2013: 525-527.

[83] KANG H, HORI Y, KATASHITA T, et al. Cryptographie key generation from PUF data using efficient fuzzy extractors. in: 2014 16th International Conference on Advanced Communication Technology (ICACT). IEEE, 2014: 23-26.

[84] DELVAUX J, GU D, SCHELLEKENS D, et al. Helper Data Algorithms for PUF-Based Key Generation: Overview and Analysis. IEEE Transactions on Computer-Aided design of Integrated Circuits and Systems, 2015, 34 (6): 889-902.

[85] MAJZOOBI M, KOUSHANFAR F, DEVADAS S. FPGA PUF using programmable delay lines. in: 2010 IEEE International Workshop on Information Forensics and Security (WIFS). IEEE, 2010: 1-6.

[86] VIVEKRAJA V, NAZHANDALI L. Feedback Based Supply Voltage Control for Temperature Variation Tolerant PUFs. in: 2011 24th International Conference on VLSI Design (VLSI Design). IEEE, 2011: 214-219.

[87] LIN L, HOLCOMB D, KRISHNAPPA D K, et al. Lower-power sub-threshold design of secure physical unclonable functions. in: 2010 ACM/IEEE International Symposium on Low-Power Electronics and Design (ISLPED). IEEE, 2010: 43-48.

[88] LAKSHMIKUMAR K R, HADAWAY R, COPELAND M. Characterization and Modeling of Mismatch in MOS Transistors for Precision Analog Design. IEEE Journal of Solid-State Circuits, 1986, 21(6): 1057-1066.

[89] PELGROM M J M, DUINMAIJER A C J, WELBERS A P G. Matching Properties of MOS Transistors. IEEE Journal of Solid-State Circuits, 1989, 24(5): 1433-1439.

[90] TERROVITIS M, SPANOS C. Process variability and device mismatch. Electronics Research Laboratory, College of Engineering, University of California, 1996.

[91] DRENNAN P G, MCANDREW C C. Understanding MOSFET Mismatch for Analog Design. IEEE Journal of Solid-State Circuits, 2003, 38(3): 450-456.

[92] ZHIAN E. Mismatch Modeling of MOSFET Transistors in Deep-Sub-Micron Technologies. Final report for the Semiconductor Devices course, 2007.

[93] KUMAR R, KURSUN V. Voltage optimization for temperature variation insensitive cmos circuits. in: 48th Midwest Symposium on Circuits and Systems, 2005. IEEE, 2005: 476-479.

[94] KUMAR R, KURSUN V. Reversed temperature-dependent propagation delay characteristics in nanometer CMOS circuits. IEEE Transactions on Circuits and Systems—II: Express Briefs, 2006, 53(10): 1078-1082.

[95] KUMAR R, KURSUN V. Supply and threshold voltage optimization for temperature variation insensitive circuit performance: A comparison. in: IEEE International Conference on SOC. IEEE, 2006: 89-90.

[96] KUMAR R, KURSUN V. Temperature variation insensitive energy efficient coms circuits in a 65nm cmos technology. in: 49th IEEE International Midwest Symposium on Circuits and Systems, 2006. MWSCAS'06. IEEE, 2006, 2: 226-230.

[97] KUMAR R, CHANDRIKAKUTTY H K, KUNDU S. On improving reliability of delay Physically Unclonable Functions under temperature variations. in: 2011 IEEE International Symposium on Hardware-Oriented Security and Trust (HOST). IEEE, 2011: 142-147.

[98] MAYMANDI-NEJAD M, SACHDEV M. A Digitally Programmable Delay Element: Design and Analysis. IEEE Transactions on Very Large Scale Integration (VLSI) Systems, 2003, 11(5): 871-878.

[99] JOVABOVIC G S, STOJCEV M. Linear Current Starved Delay Element. in: Proceedings of International Scientific Conference on Information, Communication and Energy Systems and Technologies, 2005, 1-4.

[100] JOVABOVIC G S, STOJCEV M K. Current starved delay element with symmetric load. International Journal of Electronics, 2006, 93(3): 167-175.

[101] MOAZEDI M, ABRISHAMIFAR A, SODAGAR A M. A highly-linear modified pseudo-differential current starved delay element with wide tuning range. in: 2011 19th Iranian Conference on Electrical Engineering (ICEE). IEEE, 2011: 1-4.

[102] MACHOWSKI W, GODEK J. Analog filters for audio frequency range based on current starved CMOS inverter. in: 2011 Proceedings of the 18th international Conference on Mixed Design of Integrated Circuits and Systems (MIXDES). IEEE, 2011: 270-273.

[103] MONDAL S A, PAL S, RAHAMAN H, et al. Voltage controlled current starved delay cell for positron Emission Tomography specific DLL based high precision TDC implementation. in: 2012 5th International Conference on Computers and Devices for Communication (CODEC). IEEE, 2012: 1-4.

[104] WILSON W, CHEN T, SELBY R. A current-starved inverter-based differential amplifier design for ultra-low power applications. in: 2013 IEEE Fourth Latin American Symposium on Circuits and Systems (LASCAS). IEEE, 2013: 1-4.

[105] MOKHTAR B, AJMAL S M, ABDULLAH W F H W. Memristor based delay element using current starved inverter. in: 2013 IEEE Regional Symposium on Micro and Nanoelectronics (RSM). IEEE, 2013: 81-84.

[106] CHANG B S, KIM G, KIM W. A Low Voltage Low Power CMOS Delay Element. in: Twenty-first European Solid-Sate Circuits Conference, 1995. ESSCIRC'95. IEEE, 1995: 222-225.

[107] KIM G, KIM M K, CHANG B S, et al. A low-voltage, low-power CMOS delay element. IEEE Journal of Solid-State Circuits, 1996, 31(7): 966-971.

[108] ZHANG J, COPPER S R, LAPIETRA A R, et al. A low power thyristor-based CMOS programmable delay element. in: Proceedings of the 2004 International Symposium on Circuits and Systems, 2004. ISCAS'04. IEEE, 2004, 1: I-769-72.

[109] CHU P, ZHANG Y, WEN Z, et al. A Monotonic Lower Power Thyristor-Based CMOS Delay Element. in: International Conference on Microwave and Millimeter Wave Technology, 2007. ICMMT'07. IEEE, 2007: 1-4.

[110] SCHELL B, TSIVIDIS Y. A lower power tunable delay element suitable for asynchronous delays of burst information. IEEE Journal of Solid-State Circuits, 2008, 43(5): 1227-1234.

[111] MANJUNATH P V, BAGHYALAKSHMI H R, VENKATESHA M K. A Low-Power Low-Voltage CMOS Thyristor Based Delay Element. in: 2009 2nd International Conference on Emerging Trends in Engineering and Technology (ICETET). IEEE, 2009: 135-140.

[112] IHRING C J, DHANABALAN G J, JONES A K. A low-power CMOS thyristor based delay element with programmability extensions. in: Proceedings of 19th ACM Great Lakes Symposium on VLSI. ACM, 2009: 297-302.

[113] MOHAMAD S, TANG F, AMIRA A, et al. A low power oscillator based temperature sensor for RFID applications. in: 2013 5th Asia Symposium on Quality Electronic Design (ASQED). IEEE, 2013: 50-54.

[114] SAFT B, SCHAFER E, JAGER A, et al. An improved low-power CMOS thyristor-based micro-to-millisecond delay element. in: 2014-40th European Solid State Circuits Conference (ESSCIRC). IEEE, 2014: 123-126.

[115] BAI CHUANG, ZOU XUECHENG, DAI KUI. A Novel Thyristor-Based Silicon Physical Unclonable Function. IEEE Transactions on Very Large Scale Integration Systems, 2016, 24(1): 290-300.

[116] BAI CHUANG, ZOU XUECHENG, DAI KUI. A highly stable R-Diode-based physical unclonable function. in: ICINS 2014-2014 International Conference on Information and Network Security. IET, 2014: 22-27.

[117] BAI CHUANG, ZOU XUECHENG, DAI KUI. A new physical unclonable function architecture. Journal of Semiconductors, 2015, 36(3): 121-126.

[118] ABAS A M, BYSTROV A, KINNIMENT D J, et al. Time difference amplifier. Electronics Letters, 2002, 38(23): 1437-1438.

[119] OULMANE M, ROBERTS G W. A CMOS time amplifier for femtosecond resolution timing measurement. in: Proceedings of the 2004 International Symposium on Circuits and Systems, 2004. ISCAS'04. IEEE, 2004, 1: I-509-12.

[120] NAKURA T, MANDAI S, IKEDA M, et al. Time difference amplifier using closed-loop gain control. in: 2009 Symposium on VLSI Circuits. IEEE, 2009: 208-209.

[121] KIM S J, CHO S H. A variation tolerant reconfigurable time difference amplifier. in: 2009 International SoC Design Conference (ISOCC). IEEE, 2009: 301-304.

[122] MANDAI S, NAKURA T, IKEDA M, et al. Cascaded Time Difference Amplifier using Differential Logic Delay Cell. in: 2009 International SoC Design Conference (ISOCC). IEEE, 2009: 194-197.

[123] MANDAI S, NAKURA T, IKEDA M, et al. Cascaded time tifference amplifier using differential logic delay cell. in: 2009 International SoC Design Conference (ISOCC). IEEE, 2009: 194-197.

[124] LIN C H, SYRZYCKI M. Pico-second time interval amplification. in: 2010

International SoC Design Conference (ISOCC). IEEE, 2010: 201-204.

[125] DEHLAGHI B, MAGIEROWSKI S, BELOSTOTSKI L. Highly-linear time-difference amplifier with sensitivity to process variations. Electronics Letters, 2011, 47(13): 743-745.

[126] ALAHMADI A N M, RUSSELL G, YAKOVLEV A. Time difference amplifier design with improved performance parameters. Electronics Letters, 2012, 48(10): 562-563.

[127] BIN W, SUYING Y, KAIMING N, et al. Highly-linear time-difference amplifier. in: 2014 12th IEEE International Conference on Solid-State and Integrated Circuit Technology (ICSICT). IEEE, 2014: 1-3.

[128] HAO M, KWON D, LEE M. Low-power programmable high-gain time difference amplifier with regeneration time control. Electronics Letters, 2014, 50 (16): 1129-1131.

[129] DEVADAS S. Non-networked RFID-PUF authentication: U. S. Patent 8,683, 210[P]. 2014-3-25.

[130] LIU C Q, CAO Y, et. al. ACRO-PUF: A Low-power, Reliable and Aging-Resilient Current Starved Inverter-Based Ring Oscillator Physical Unclonable Function. IEEE Transactions on Circuits and Systems I: Regular Papers, 2017, 64(12): 3138-3149.

[131] TANEJA S, ALVAREZ A, SADAGOPAN G, et. al. A fully-synthesizable C-element based PUF featuring temperature variation compensation with native 2.8% BER, 1.02fJ/b at 0.8-1.0V in 40nm. in: 2017 Asian Solid-State Circuits Conference (A-SSCC). IEEE, 2017: 301-304.

[132] ARMKNECHT F, MAES R, SADEGHI A R, et al. A Formalization of the Security Feature of Physical Functions. in: 2011 IEEE Symposium on Security and Privacy (SP). IEEE, 2011: 397-412.